借笔建模

寻找产品设计手绘的截拳道

梁军 罗剑 张帅 严专军 陈岩 著

PRODUCT
DESIGN
HAND
DRAWING

辽宁美术出版社

图书在版编目（ＣＩＰ）数据

借笔建模 ： 寻找产品设计手绘的截拳道 / 梁军等著
. — 沈阳 ：辽宁美术出版社，2013.5 （2024.2重印）
ISBN 978-7-5314-5478-6

Ⅰ．①借… Ⅱ．①梁… Ⅲ．①产品设计—绘画技法
Ⅳ．①TB472

中国版本图书馆CIP数据核字(2013)第091411号

出 版 者：辽宁美术出版社
地　　址：沈阳市和平区民族北街29号　邮编：110001
发 行 者：辽宁美术出版社
印 刷 者：沈阳博雅润来印刷有限公司
开　　本：889mm×1194mm　1/16
印　　张：11
字　　数：280千字
出版时间：2013年6月第1版
印刷时间：2024年2月 第10次印刷
责任编辑：王　楠
装帧设计：梁　军
技术编辑：徐　杰　霍　磊
责任校对：李　昂
ISBN 978-7-5314-5478-6
定　　价：69.80元

邮购部电话：024-83833008
E-mail:lnmscbs@163.com
http://www.lnmscbs.com
图书如有印装质量问题请与出版部联系调换
出版部电话：024-23835227

内容简介

　　设计手绘是工业产品设计从业人员需掌握的基本设计技能之一，其功能在于对设计构思进行表现、推敲、完善及与他人进行沟通与交流。

　　本书旨在从设计实战应用的角度，对工业产品设计手绘的本质及发展历程进行详细阐述；对线条绘制技巧、透视实战应用技巧等基础知识进行深入分析；并借助计算机辅助三维设计软件的建模与渲染思路，详细讲解工业产品设计手绘的线稿绘制方法及明暗、材质塑造方法；以帮助热爱工业产品设计手绘的读者建立正确的认知与思考分析能力，并快速掌握直接有效的绘制方法。

　　此外，本书还配以详尽的步骤绘制分析图、案例赏析、讲解视频，以帮助更直观地理解本书的重要知识点。

读者对象

　　本书适用于大中专院校工业设计专业、产品设计专业及相关专业学生，同时也适用于具备一定手绘基础的工业设计、产品设计从业人员。

P 序 言
PREFACE

产品设计是为解决人类发展进程中所面临的问题而进行的一项创造性活动，其本质是创新。

产品设计手绘作为现阶段记录、表达、交流创新思维最直接有效的手段，成为产品设计师知识结构体系中不可或缺的重要一环；而在现阶段产品设计手绘的教与学中，存在着诸多亟待解决的问题。如：因未认真了解其发展历程与进化规律，而造成的表现方式陈旧；因未全面系统地掌握科学的方法，而造成的学习程序紊乱；因未正确认知其在设计中的真正作用，而造成的学习目标偏离，等等。

上述问题，既是"教"者需要认真梳理的，也是"学"者需要认真思考的。《借笔建模——寻找产品设计手绘的截拳道》一书，正是黄山手绘工厂根据多年教学经验对上述问题进行的思考与总结。该书以产品设计手绘的发展历程为切入点，分析并总结了产品设计手绘在当下的作用与精神本质，以求读者明其"意"；以计算机三维辅助设计软件为参照，将产品设计手绘的基础知识进行了科学而系统的整合，以求读者精其"技"；以搏击类武术做类比，将产品设计手绘的真正作用及实战方法进行了形象的阐述，以求读者强其"法"；从而帮助读者达到以"意"导"技"、以"技"载"法"的学习目的。

《借笔建模——寻找产品设计手绘的截拳道》是在设计技能教育领域进行的一次跨学科知识整合，其目的是将产品设计手绘这一设计技能进行不断"进化"，使之成为每一位产品设计从业人员及爱好者都能熟练掌握的简单设计语言，相信本书也将为各位读者创新能力的释放提供更强有力的支持。

特以此为序，也期盼黄山手绘工厂在产品设计手绘教育领域取得更丰硕的成果。

浙江大学教授
浙大国际设计研究院副院长
信息产品设计系主任
应放天

P 自序
PREFACE

HUANGSHAN HAND DRAWING FACTORY

SINCE 2006

PRODUCT DESIGN

始于2006
我们只关注工业产品设计

借笔建模 —— 寻找产品设计手绘的截拳道

首先感谢辽宁美术出版社约稿本书，让我们能有一个静下心来认真思考工业产品设计手绘精神本质的机会。

从约稿之初关于工业产品设计手绘的诸多内容就一直在我们脑海中萦绕。如：怎样阐述现阶段工业产品设计手绘的本质，怎样切实地帮助读者快速地理解这一门设计技能，怎样给予读者更有效的学习体验，等等。想要给读者的解读似乎太多太多，而这其中的不少内容在许多优秀著作中已做出了很好的解答。黄山手绘工厂究竟要献给读者一本什么样的书？又该以何种更有效的方式对问题进行诠释？我们想努力交出一份让读者满意的答卷。

回顾多年的工业产品设计手绘教学工作，我们帮助学生解决了成千上万个学习问题。认真对这些问题进行总结与归类，大致可分为四种情况：第一种是对工业产品设计手绘这一门设计技能的精神本质认知不够；第二种是对产品本身的理解与分析能力不够；第三种是对自己的信心不够；第四种是基本功不够扎实。

上述问题是初学者普遍面临的学习障碍，也是黄山手绘工厂想为读者解答的重点内容。前三种情况究其根源都是认知与思维的问题，最后一种情况则是熟练程度的问题。我们在学习工业产品设计手绘的过程中，正确的认知与思维能力比熟练的基本功更为重要，原因在于它能指导我们更有目的地掌握各项基本功，并有效地综合运用各项基本功，从而尽量避免学习过程中的弯路。也就是说，手绘基本功通过努力绝大多数人都可以做到，但正确的认知和思维不仅仅是凭熟练就能解决，而这种正确的认知与思维才是工业产品设计手绘最核心的精神本质所在。以搏击类武术做类比，扎实的马步功底、力量及速度等基本功，通过努力大致都能达到一定的水准，但对搏击类武术的精神本质认知、"见招拆招"的分析判断能力及坚信能击倒对手的信心，才是搏击类武术最核心的精神本质所在。如同我们经常给学生讲的一个道理，你所绘制的线条与任何一个"高手"绘制的线条只存在熟练程度的区别，真正的能力区别在于"高手"能根据不同的形态与结构迅速作出分析判断，并借助各种不同的线条准确而自信地表达出自己的设计创新思维。在这一表达过程中，笔只是一个工具，如何在一张空白纸上构建出你所需要的设计"模型"，思维才是关键。

如何"以无法为有法、以无限为有限"，针对不同产品形态迅速作出正确的分析与判断，并进行准确地表达；如何在面对不同的形态、结构、色彩与材质时，"用最强的自己去战斗"；如何"脱去别人的外壳，运用自己的本能与特长"，摆脱临摹的束缚，自信地用笔构建出自己的三维空间。诸如此类的问题是工业产品设计手绘学习中的关键所在，我们也将对这些问题逐个进行分析与阐述，从而建立属于工业产品设计手绘的"截拳道"——借笔建模。

我们通过专业知识去认知世界，再运用专业知识去改造世界，但世界并不等同于我们的专业，要想取得更大的进步，我们需要学会集百家之所长，不断地吸收并学习其他对工业产品设计手绘有用的知识。我们在编写过程中也力求以一种大家便于理解的方式来阐述各个知识点，其中更多的是思考与经验的分享，可能在科学与严谨方面有失偏颇，也欢迎同行与读者进行批评指正。

本书在编写过程中，深圳上善工业设计创始人贾思源先生提出了诸多宝贵建议，黄山手绘工厂全体学员及黄山学院艺术学院续磊、伍阳、张大瑞、郝立强等同学为整理资料做了大量工作，在此一并表示衷心的感谢！

2011 年 12 月 1 日于黄山

目录
CONTENTS

HUANGSHAN HAND DRAWING FACTORY

SINCE 2006

始于 2006
我们只关注工业产品设计

PRODUCT DESIGN

第 1 章 | 对产品设计手绘的认知

HUANGSHAN
HAND DRAWING
FACTORY

+ 始于 2006
+ 我们只关注工业产品设计

SINCE
2006

如自序中所提到的观点，正确的思维是学习工业产品设计手绘的关键所在。在学习相关技能技巧之前，我们需要认真理解工业产品设计手绘这门设计技能的作用与精神本质。先理解其"道"，再"以道统术"，最终达到"以术得道"的境地。

1-1 工业产品设计手绘图的沿革

看到"沿革"这个关键词，有经验的读者便知道又要谈论到"枯燥"的历史。了解历史的作用在于帮助我们认知过去、理解今天，从而更好地把握未来，所以在开始学习前我们有全面了解工业产品设计手绘发展历程的必要。

工业产品设计手绘在我国经历了几次表现方式的转型，因为专门总结这一段发展历程的资料少之又少，笔者也只能依据自身的经历去描绘一个大致的脉络。对这段历史进行记录整理，既是为了更好地指导我们学习，也是我们这一代设计从业人员应尽的责任。

1-1-1 喷枪技法

20世纪80年代至90年代初，我国大部分设计类院校都采用过喷枪技法用于工业产品设计手绘表现教学。该技法需要相当扎实的传统绘画功底，图面精致、细腻，绘制完成后几乎可以达到照片级的展示效果。

为什么那个年代的设计师需要把工业产品设计手绘图绘制到照片级的程度？究其原因，在个人计算机还是奢侈品的年代，我们还很难借助计算机三维辅助设计软件进行设计表现。设计师需要以高仿真效果为目标进行设计手绘图的绘制，以准确传递设计思维。

喷枪技法的优点在于仿真度高，但其缺点在于绘制时间过长，绘制较复杂的产品需要耗费一周左右甚至更长的时间，且对传统绘画有很强的依赖性。计算机三维辅助设计软件发展到今天，已经能帮助我们快速完成设计方案的仿真表现，所以这一类表现技法在现在的工业产品设计手绘表现领域几乎绝迹。

在这一发展阶段，工业产品设计手绘还没有形成一套独立于传统绘画并适合自身专业特点的表现体系。

1-1-2 底色高光法

底色高光法广泛应用于20世纪90年代，通常有刷颜色或直接使用有色纸两种获得底色的方式。绘制时先在底色上描绘线稿，再通过刻画暗部、投影、高光及结构来完成产品信息的表达。底色高光法的绘制速度与喷枪技法相比有了较大的提高，且对传统绘画的依赖程度相对较低，也更容易掌握。

从工业产品设计手绘的发展沿革来看，底色高光法是一次成功的探索，事实也证明这种表现技法符合了工业产品设计的专业特点及时代需求。工业产品设计与环境设计、景观设计等设计专业相比，其形态多以单体的形式出现，且色彩与材质变化少、空间维度变化小，底色高光法刚好符合了工业产品设计的这些专业特点。同时，计算机三维辅助设计软件在这一阶段已进入工业产品设计表现领域，虽然技术尚不太成熟，但基本可以实现设计方案最终效果展示，设计手绘不再是表达设计创新思维的主要途径，这也促使工业产品设计手绘需要进行自我调整与变革以适应时代需求。

底色高光法是将工业产品设计手绘独立于传统绘画的一次成功尝试。通过刷颜色获取底色的手绘技法，对传统绘画工具的依赖程度依然较高，也不适用于设计思维快速记录与设计方案推敲；而直接采用有色纸作为底色，相对于刷颜色更为方便快捷，且同样能有效营造图面氛围，所以在今天仍然被工业产品设计师广泛使用（图1-1）。

图1-1 采用有色纸作为底色

同时，随着数位板、数位屏、绘图软件等数字绘图工具的逐渐普及，底色高光法在工业产品设计手绘的数字绘图领域得到了新的发展。在数字绘图过程中，我们可以运用填充、渐变、笔刷等软件命令轻松获得千变万化的底色效果，也为设计创新思维的表达及特殊图面氛围的营造提供了新的途径。

图 1-2 底色高光法在数字绘图中的应用

图 1-3 马克笔、色粉快速表现技法

1-1-3 马克笔、色粉快速表现技法

马克笔、色粉快速表现技法是 20 世纪末至 21 世纪初广泛流传的一种工业产品设计手绘表现技法。

马克笔、色粉、彩色铅笔及绘图模板等新型绘图工具的出现与广泛使用，为我们更快速地绘制工业产品设计手绘图提供了可能。马克笔、色粉快速表现技法将这些新型绘图工具进行了有效地综合运用，并在表现效果与绘制速度之间找到了一个最佳结合点。绘制时先借助绘图模板或徒手完成线稿，在着色过程中，色粉多用于表现产品的亮部、过渡面与环境反射，马克笔则常用来表现产品的暗部、结构线与投影。此外，设计师通常还会通过虚拟环境的设定来强化材质的属性。如将金属等高反光的亮部反射天空颜色，暗部反射大地颜色。

马克笔、色粉快速技法从绘制方法到表现工具均已脱离传统绘画的束缚，形成了一套适合工业产品设计自身专业特点的表现体系。

1—1—4 诠释性画法

诠释性画法是21世纪初至今广泛应用的一种工业产品设计手绘表现形式。该技法并非表现工具和表现技法的革新，而是表达形式的改变，也是本书要讲述的重点。

上面章节中陈述的三种技法多以设计方案最终展示为主要目的，而诠释性画法更注重设计创新思维的记录与全面解说。相比于其他三种技法，这类技法会借助多视角透视图、爆炸图、局部放大图、剖面线、文字、使用场景等手段对设计

创新思维进行全面表达。在设计实践工作中，前期的创新思维是一个优秀设计得以诞生的始点，诠释性画法也将手绘在工业产品设计中的作用发挥得淋漓尽致。

诠释性画法得以广泛应用的技术背景在于，计算机三维辅助设计表现在这一阶段已经发展到了极度仿真的程度，工业产品设计手绘图在某种程度上已经基本丧失了设计方案最终表现的功能，而设计创新思维的快速记录与全面解说则还是计算机三维辅助设计表现的劣势。所以，诠释性画法也是工业产品设计手绘在新的时代背景与技术背景下，进行的又一次自我调整与变革。

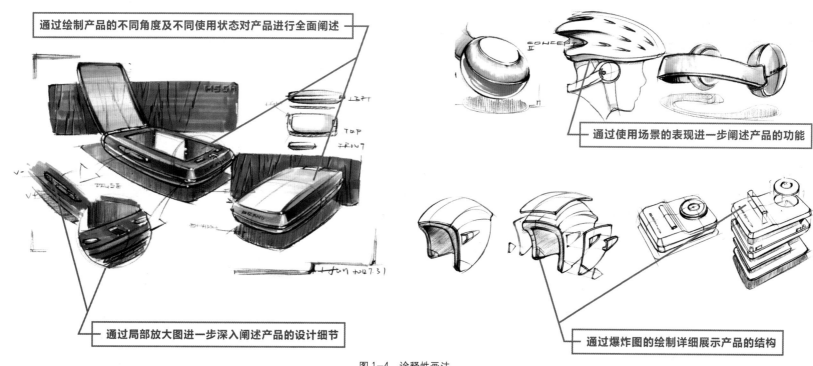

图1—4 诠释性画法

本节总结的是四种在国内影响较大的工业产品设计手绘表现形式，并不能囊括所有的技法类型。纵观工业产品设计手绘的发展脉络，大体是朝着快速、高效及更注重前期创新思维记录的方向发展。仔细分析其沿革过程，有两个主要因素在促进或影响着工业产品设计手绘的发展，一是计算机辅助设计软件的发展，二

是手绘表现工具的革新。随着计算机辅助设计软件的不断发展，手绘的设计方案最终展示功能将被逐渐取代。同时，马克笔、色粉、彩色铅笔等绘图工具的普及，也为设计创新思维的快速记录与表现提供了工具支持。

下一个转型是什么？我们在等待，也在寻找……

1-2 关于设计手绘的一些观点

1-2-1 设计手绘有什么作用

这是一个老掉牙的话题，但还是想为读者进行一次重新梳理，不讨论孰优孰劣，也不讨论它们在设计流程中的各自功能，只分析它们对于设计的始点——设计创新思维的作用。

这一话题的讨论源于计算机三维辅助设计软件的发展与普及。自 20 世纪 90 年代，随着计算机三维辅助设计软件的发展与普及，曾经使一段时期内的部分设计从业人员与学生摈弃了设计手绘，过分地依赖计算机三维辅助设计软件进行设计表现。这种情形类似于现代武器的发展对传统武术的冲击，现代武器相对于传统武术似乎更容易掌握，其功能也似乎更强大，使得传统武术的"强身健体"功能在很大程度上被忽略，同时被忽略的还有武术学习中所获得的身体潜能发掘。

工业产品设计手绘的主要作用之一，也在于能帮助我们发掘思维潜能。在设计创新思维的手绘表达过程中，我们能快速地调动知识储备与生活积累，针对设计问题提出各种解决方案，并对各种解决方案迅速地进行交流、调整与优化；同时，通过切实地感知各种形态、结构、色彩及材质，使手与脑达到高度的互动，从而最大限度激荡创新思维、发掘设计潜能。在现阶段，这种发掘创新思维潜能的作用，计算机三维辅助设计软件尚很难完全替代。

1-2-2 设计手绘是一门实用的技术

这个观点中有两个关键词，一个是实用，一个是技术。在这个什么都想冠以"艺术"之名的年代，这个观点好像有点不符合"潮流"。

首先，我们分析其实用属性。工业产品手绘是从传统绘画里发展出来的一门表现形式，两者在技能与技巧上有许多的共通之处，但作用和本质却不一样。"实用性是工业设计最重要、最基本的设计原则"，推理下去"实用"也应是工业产品手绘最重要的特征，而主观意愿的自我表达是传统绘画的重要特征之一，也就是说工业产品手绘与传统绘画"术"相通而"道"不同。在进行设计创新思维记录时，我们需要借助手绘快速记录思维过程，直至寻求到解决设计问题的合理答案，并将答案进行详细解说。失去了这种记录与解说的实用功能，手绘图画得再

艺术也只是一张图，也就是说当实用与艺术两者不能兼顾时，先保障前者，哪怕它不是那么"艺术"，你也抓住了工业产品设计手绘最核心的作用——实用。

其次，我们再来讨论其技术属性。既然"实用"是产品手绘最主要的特征，那它和 Rhino、Pro/e 等三维设计软件一样，都只是我们进行设计工作的一个工具，自然也只是帮助我们实现设计构想的一门技能。

最后，需要解释的是，我们强调工业产品设计手绘的实用性与技术性，并不是否认其艺术性，而是要帮助读者抓住它的主要作用及精神本质。技术的极致自然会升华到艺术，也期望读者通过本书的学习能做到两者兼顾。

1-2-3 设计手绘是一篇说明文

上文中阐述了工业产品手绘的"实用"功能，"实用"是其"道"，但在进行产品手绘图绘制的时候应以何种"术"的形式体现？

如果说传统绘画是一篇阳春白雪的散文，那工业产品设计手绘就是一篇阐明事理的说明文。散文可以如影随形、大俗大雅，可以是梦想照进现实，也可以是现实渗透梦想；说明文则需要详尽地解说事物的特征、本质与规律。

在绘制工业产品设计手绘图时也是如此，相对于注重自我精神追求的传统绘画，我们需要将产品的各种属性按照其客观规律进行详细解说，包括透视关系、比例关系、结构、色彩、材质、使用状态等，以求将设计创新思维得到完整且准确的表达。

1-2-4 设计手绘知识的量化与技术化

在教学过程中，经常有学生问道："老师，我没有任何美术基础，能不能画好工业产品设计手绘？"我跟他们说："你只是被自己吓着了，你能不能学会计算机三维辅助设计软件？如果你能学会，那你也能画好设计手绘，设计手绘只不过是用笔在纸上建模与渲染的过程，你同样需要对形体进行布尔运算、拉伸、挤压、贴图、打光，不同的是我们少了一份依赖，但也多了一份主动。"还有学生会问道："软件和手绘毕竟是不一样的。"两者自然有区别，软件的命令用错了可能还会出现"特殊"的效果。而设计手绘画错了就是错了，因为每一笔记录的都是分析和思考的过程。我们不会画是因为大脑没有正确思考或者没有掌握正确思考的方法，如果思考方法存在问题，画出来的图自然是空洞或错误。

怎样才能掌握正确的思考方法?

首先,我们需要将基础知识的学习量化与技术化。一张工业产品设计手绘图的绘制要运用到很多知识,如线条控制能力、透视运用能力、明暗关系塑造能力、材质表现能力等。只有逐个理解透彻各个基础知识的原理与本质,并通过科学合理的方法进行训练和学习,我们才有可能真正对基础知识进行牢固掌握。

其次,在面对不同的绘制对象时,我们要根据绘制对象的属性进行正确的分析与判断,并形成合理的表现思路,最后再借助牢固的基础知识进行快速表现。

基础知识的牢固掌握是画好工业产品设计手绘图的前提条件,正确的分析思考能力则是决定能不能画对、画好的核心思想。二者在绘制工业产品设计手绘图的过程中缺一不可,同时这两个问题也是本书想重点阐述的内容。

本章小结

本章介绍了工业产品设计手绘的沿革及笔者对工业产品设计手绘的认知。在学习一门知识前,对其发展历程及现实意义进行系统的梳理,能使我们更清晰地明确学习目标,同时也能帮助我们更科学地掌握学习方法。

第 2 章 | 寻找线条的本质

HUANGSHAN
HAND DRAWING
FACTORY

+ 始于 2006
+ 我们只关注工业产品设计

SINCE
2006

如同"力量"与"速度"是武术的基础一样，线条则是我们进行工业产品设计手绘图绘制的基础。搏击类武术需要通过"力量"与"速度"承载对抗能力及反应能力，以求更有效地击倒对手；工业产品设计手绘则需要通过熟练且合理的线条对设计形态进行承载，以求更快速地表达设计创新思维。

在线条的训练过程中，许多初学者常常会机械化地去绘制大量的线条，企图单纯以"量"来提高线条控制能力，而忽略了对线条本质的分析及对科学训练方法的总结。这种认知上的片面，也是造成初学者的线条学习得不到快速提升的重要原因。

格物致知，认真分析线条的本质与作用，再根据人体自身结构总结科学的训练方法，是快速理解和掌握线条这一手绘基础能力的有效途径。

2-1　线条并不存在

看到这个标题，你或许会认为这是一个故弄玄虚的概念。线，在几何学中只具有位置、长度、方向的变化，并不具备宽度和厚度的属性。即便是发丝，放大或切开后你依然会发现它们依然具有体量（图 2-1）。线，在自然界中也并不存在，它是我们用来表现三维空间的一种手段，塑造产品形态的一个载体，构建设计"盗梦空间"的一个道具，这是我们在认识线条前需要明确的一个概念。以图 2-1 为例，在该图中我们用线条虚拟了长方体不同角度的透视关系，而这些线只是长方体面与面之间的分界，并不真实存在于长方体的表面。

很多初学者看到一些优秀的设计手绘作品后，总会感叹其线条的"漂亮"与"流畅"，却忽略了线条的本质，也忽略了作者在线条后面隐藏着的分析和思考。如同文学一样，其创作载体都是文字，为何只有极少数人能创作出优秀的作品？因为识字、写字的能力与创作无关。同理，线条本身也无所谓好坏，只有当它们创建了一个符合客观规律的虚拟物像后，其价值才能得以体现。

所以，仅仅注重线条并不能帮助你快速成长，只有学会分析与思考物像客观规律才能让你迅速进步。忘记线条，因为它本来就不存在，试着去分析与思考，然后用哪怕不流畅的线条去表达你的设计创新思维，你会发现工业产品设计手绘图的绘制远远没有那么难。至于线条本身，你与"高手"的区别只是在控制能力上，这是熟练程度问题，不是思维与认知问题。

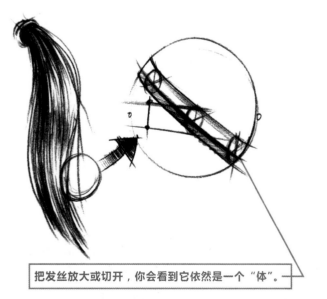

把发丝放大或切开，你会看到它依然是一个"体"。

图 2-1　发丝的形体分析

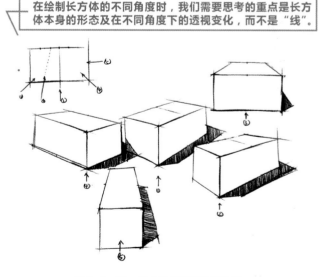

在绘制长方体的不同角度时，我们需要思考的重点是长方体本身的形态及在不同角度下的透视变化，而不是"线"。

图 2-2　同一长方体的不同透视角度

2-2　线条从哪里来

或许你会认为在上一节我们分析了一个根本不需要分析的问题，线当然不存在。既然不存在，那它们为什么会在我们的设计手绘图中出现，这就是我们需要思考的问题。既然线条不存在，那工业产品设计手绘图中的线条从哪里来？各种线条之间有什么不同？把这些问题搞清楚了，对线条的认知问题就解决了，剩下的就只有线条绘制的技术问题了。

在现实生活中，我们能感知不同物象是因为光的存在。光照射到物体上后，物体与背景间产生了空间的分界，物体本身的结构与结构之间、面与面之间也产生了空间与明暗的分界。光在这些分界处反弹回来不同的变化，从而组合成客观物象的"框架线"。在绘制工业产品手绘图的线稿时，我们便是借助这些线将三维物体虚拟到二维纸面。

2-2-1　轮廓线

轮廓线指因形体之间存在前后空间关系，光在其边缘处形成不同的折射而产生的空间分界线。轮廓线包括产品整体形态与背景之间形成的整体轮廓线（图2-3），以及因产品本身结构存在前后空间关系而形成的局部轮廓线（图2-4）。轮廓线随着透视角度的变化而产生不同变化。

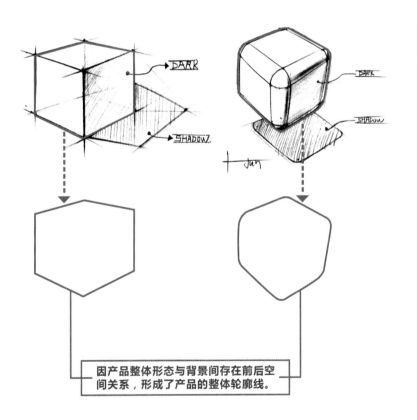

图 2-3　整体轮廓线分析

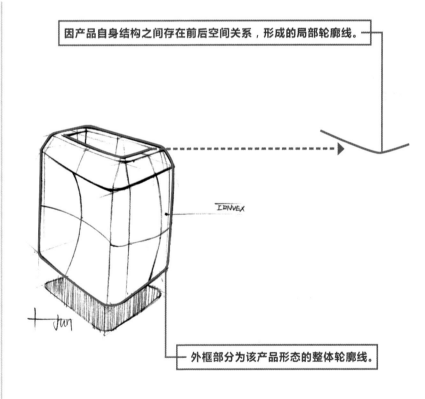

图 2-4　局部轮廓线分析

2-2-2 分型线

分型线是指因工业产品生产拆件的需要，壳料之间拼接所产生的缝隙线。通俗来讲分型线就是两个组件之间的分界线，其分界真实存在于产品形态表面，其变化随着产品形态的透视角度变化而变化。

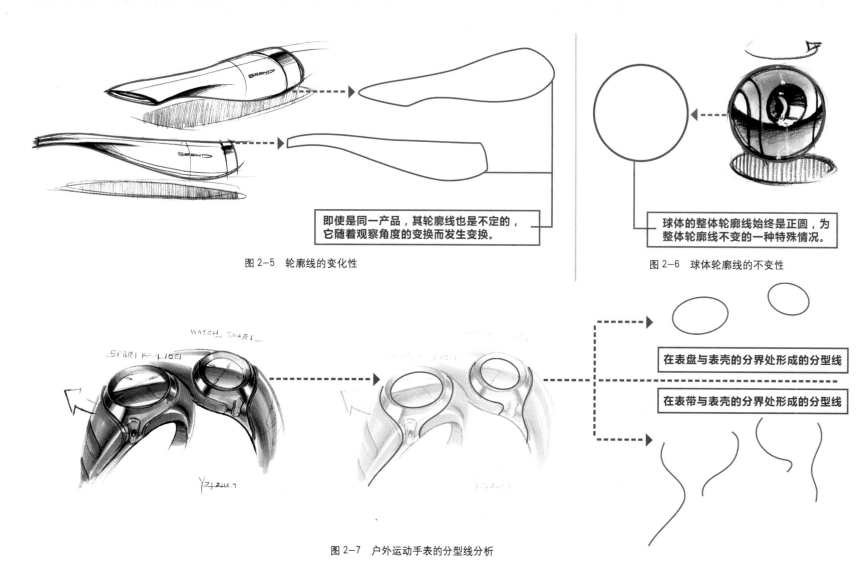

即使是同一产品，其轮廓线也是不定的，它随着观察角度的变换而发生变换。

图 2-5　轮廓线的变化性

球体的整体轮廓线始终是正圆，为整体轮廓线不变的一种特殊情况。

图 2-6　球体轮廓线的不变性

在表盘与表壳的分界处形成的分型线

在表带与表壳的分界处形成的分型线

图 2-7　户外运动手表的分型线分析

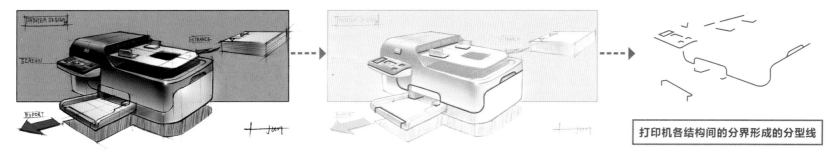

图 2-8　打印机的分型线分析

2-2-3　结构线

结构线是指工业产品各组件自身，因面与面之间发生转折与形体变化形成的形体转折分界线。这种转折与形体变化关系真实存在于产品形态表面，也是决定产品形态的骨架，它随着透视角度的变化而变化。

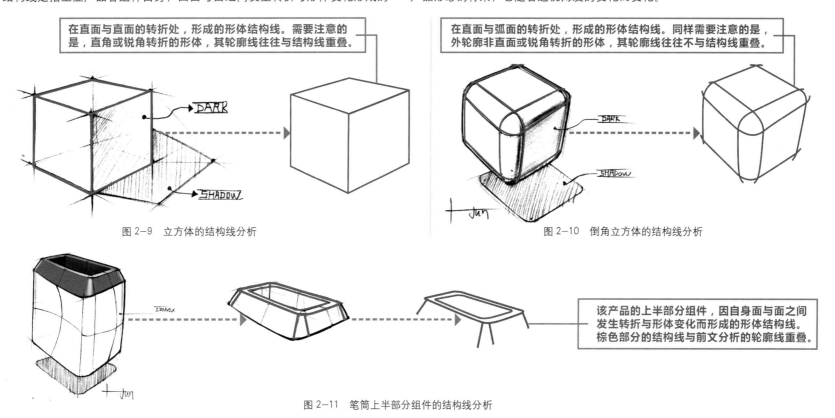

在直面与直面的转折处，形成的形体结构线。需要注意的是，直角或锐角转折的形体，其轮廓线往往与结构线重叠。

在直面与弧面的转折处，形成的形体结构线。同样需要注意的是，外轮廓非直面或锐角转折的形体，其轮廓线往往不与结构线重叠。

图 2-9　立方体的结构线分析

图 2-10　倒角立方体的结构线分析

该产品的上半部分组件，因自身面与面之间发生转折与形体变化而形成的形体结构线。棕色部分的结构线与前文分析的轮廓线重叠。

图 2-11　笔筒上半部分组件的结构线分析

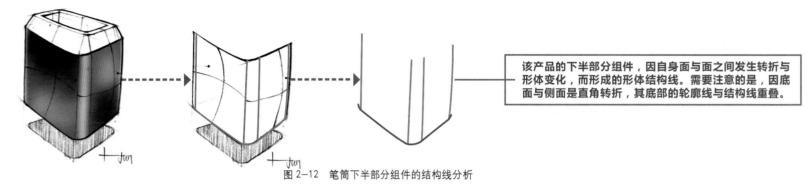

图2-12　笔筒下半部分组件的结构线分析

结构线的特殊类型 —— 消失线

在工业产品设计手绘中，常常会遇到一种特殊的线条——消失线。消失线是结构线的一种特殊情况，为形体的尖锐剖面过渡到顺滑剖面而形成的逐渐消失的结构线。

需要注意的是，消失线并不仅仅存在于工业产品中，在建筑、室内、景观等设计手绘图中也存在，它的出现取决于设计形态本身，与专业无关。在本书中将消失线单独列出并进行详细阐述的原因在于，相对建筑、室内、景观等侧重整体空间塑造的设计手绘类型，工业产品设计手绘更注重产品形态自身的详尽表达。

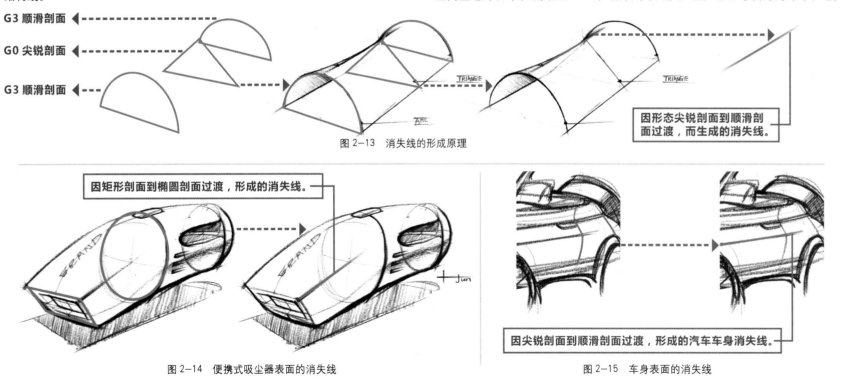

该产品的下半部分组件，因自身面与面之间发生转折与形体变化，而形成的形体结构线。需要注意的是，因底面与侧面是直角转折，其底部的轮廓线与结构线重叠。

G3 顺滑剖面 ◀┄┄┄┄┄┄┄

G0 尖锐剖面 ◀┄┄┄┄┄┄┄

G3 顺滑剖面 ◀┄┄┄┄┄┄┄

因形态尖锐剖面到顺滑剖面过渡，而生成的消失线。

图2-13　消失线的形成原理

因矩形剖面到椭圆剖面过渡，形成的消失线。

因尖锐剖面到顺滑剖面过渡，形成的汽车车身消失线。

图2-14　便携式吸尘器表面的消失线

图2-15　车身表面的消失线

2-2-4　剖面线

剖面线是指为了更好地说明产品的结构与形态，假想将物体切开而形成的断面线。

剖面线在产品形态表面并不存在，是工业产品设计手绘中经常用到的一种特殊线条。其原因在于，在工业产品设计手绘图绘制前期，产品的形态、结构等因素都由线条来完成，单纯的分型线和结构线很难准确表达一些变化丰富的造型，我们需要借助剖面线来补充说明设计形态。

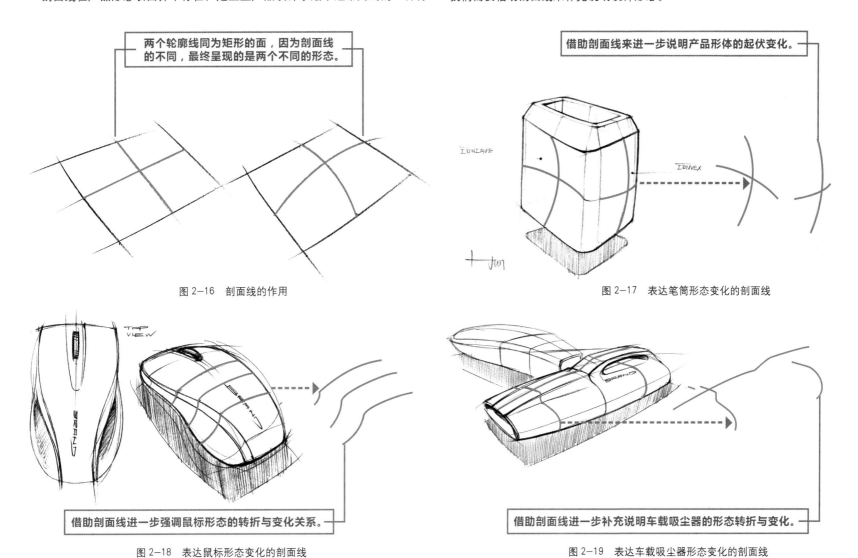

> 两个轮廓线同为矩形的面，因为剖面线的不同，最终呈现的是两个不同的形态。

图 2-16　剖面线的作用

> 借助剖面线来进一步说明产品形体的起伏变化。

图 2-17　表达笔筒形态变化的剖面线

> 借助剖面线进一步强调鼠标形态的转折与变化关系。

图 2-18　表达鼠标形态变化的剖面线

> 借助剖面线进一步补充说明车载吸尘器的形态转折与变化。

图 2-19　表达车载吸尘器形态变化的剖面线

2-3 线条的轻重处理

2-3-1 不同类型线条的轻重处理

在了解完线条的本质和类型后,大家可能会有各种各样的疑问。如:同样是线条,非要分成这么多种类吗?了解这些对画手绘图有什么样的实际作用?

产品信息层次表达的混乱,是初学者最常见的问题之一。究其原因,不懂得如何用不同的线条进行不同的产品信息表达,是造成上述问题的重要原因。工业产品设计手绘的绘制过程,实质是在二维平面进行三维产品形态表达的过程。为了让"观众"更清晰地了解产品的信息,我们需要给"观众"设定"视觉流程",从而让"观众"有主有次、由浅入深地了解产品。而通过分析线条的本质和类型,将能更好地帮助我们对产品的信息进行分类和有条理的表达。我们来回顾并整理一下线条的分类知识:

1. 轮廓线是指因形体之间存在前后空间关系而产生的空间分界线,是产品形态给予"观众"的整体印象;

2. 分型线是指产品各组件之间的分界线,它阐述的内容是产品究竟由哪几个组件组成;

3. 结构线是指各组件自身因形体发展转折变化产生的形体分界线,它阐述的是各组件自身的具体形态;

4. 剖面线是进行产品形体表达的辅助性线条,用于补充说明产品形态的变化关系。

通过上述分析,我们可以大致得出以下的结论:

1. 轮廓线在工业产品的手绘表达中应着重强调,以让"观众"在第一时间迅速了解产品的整体形态特征;

2. 分型线略次于轮廓线,以让"观众"在了解了产品的整体形态特征后,进一步了解产品各组件之间的关系;

3. 结构线再略次于分型线,以让"观众"了解产品各组件自身的具体形态;

4. 剖面线居于最次要位置,用以补充说明前3种线条无法说明或说明不清晰的形体变化关系。

2-3-2 光源及虚实关系对线条轻重的影响

根据线条的属性进行不同的轻重处理,是对产品自身信息进行的梳理;同时,我们还应考虑光源、近实远虚等客观环境因素对线条的影响。以轮廓线为例,在同一光源和空间关系下,其受光部应比背光部亮,远处应比近处虚,但其整体应比其他类型的线条更为强调。分型线、结构线、剖面线,根据其主次程度以此类推。

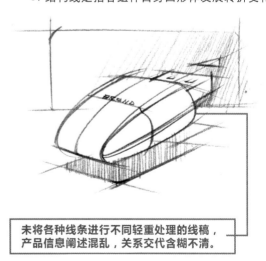

未将各种线条进行不同轻重处理的线稿,产品信息阐述混乱,关系交代含糊不清。

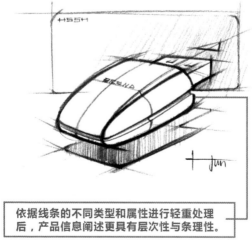

依据线条的不同类型和属性进行轻重处理后,产品信息阐述更具有层次性与条理性。

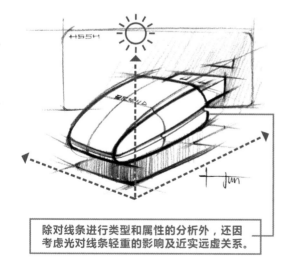

除对线条进行类型和属性的分析外,还因考虑光对线条轻重的影响及近实远虚关系。

图2-20 线条的轻重处理分析

2-4　线条的绘制工具

在前面章节中，我们了解了线条的本质、类型及轻重的处理等内容，即认知了线条的"道"。在认知了线条的"道"后，剩下的工作便是对线条的"术"进行分析、理解和掌握。如了解不同线条绘制工具的特性、分析绘制线条的合理姿势、掌握不同类型线条的绘制技巧等。

2-4-1　彩色铅笔

彩色铅笔常见的品牌有辉柏嘉、酷喜乐、马可、中华，分水溶性与非水溶性两种类型。水溶性彩色铅笔笔芯质地较软，绘制线条时明暗跨度大，但易与马克笔溶剂混合而造成画面的脏、乱，建议将线稿复印后着色。非水溶性彩色铅笔笔芯质地较硬，绘制的线条明暗跨度要比水溶性彩色铅笔小。

2-4-2　自动铅笔

自动铅笔省去了削笔的麻烦，比彩色铅笔使用更为方便，但绘制的明度跨度也比水溶性彩色铅笔小，常见的品牌有红环、施德楼、三菱。

2-4-3　中性笔

中性笔与彩色铅笔、自动铅笔相比，要求线条控制能力更为精准，使用较多的有 Uni-ball、斑马等品牌。

2-4-4　尺规

尺规多用于工业产品设计手绘图精细稿的绘制，常用的尺规有直尺、圆模板、椭圆模板、蛇形尺等。

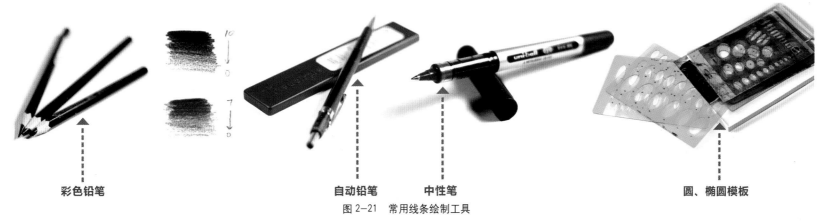

彩色铅笔　　　　　　　　　　**自动铅笔**　**中性笔**　　　　　　　　　　　**圆、椭圆模板**

图 2-21　常用线条绘制工具

2-5　相对科学的坐姿

坐姿本身无所谓好坏，但相对科学的坐姿能帮助初学者更好、更快地掌握线条绘制的技术要领。

将绘图板平放于桌面"伏案"绘图（图 2-22），是初学者常用的一种绘图坐姿。这种坐姿看似轻松，但存在着不利于初学者学习的因素。首先，绘图板与视线成小于 90°的夹角，图面已经成透视变形状态，不利于绘图者对图面的全局掌控；其次，这种坐姿使得手臂在绘图时要托于桌面之上，不利于手臂的灵活摆动。

对于初学者来说，相对科学的坐姿是将绘图板的一端靠于腰间，另一端靠工作台，使图面与视线成垂直角度，如图 2-23 所示。这种坐姿便于对图面的全局掌握，同时也便于手臂绘制不同线条时的灵活运动。在坐姿习惯改变初期，可能会存在不适应的情况，而当你习惯后，你会发现该坐姿给设计手绘能力提高带来的帮助。

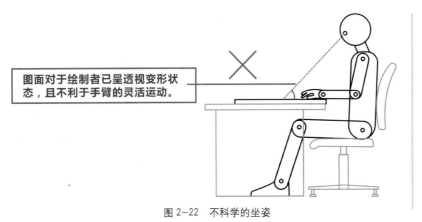

图面对于绘制者已呈透视变形状态，且不利于手臂的灵活运动。

图 2-22 不科学的坐姿

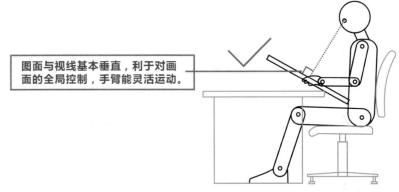

图面与视线基本垂直，利于对画面的全局控制，手臂能灵活运动。

图 2-23 相对科学的坐姿

2-6 直线的绘制技巧

2-6-1 相对正确的直线绘制方法

直线是工业产品设计手绘中最常用的线条之一，在学习直线绘制技巧前，我们先来了解它的特性，并通过其特性来分析采用何种方法绘制能最大限度提高成功率。

直线是一种机械性的线条，要想得到成功率高的直线，必然也要借助机械的力量，而不能仅仅凭直观的感受。初学者在绘制直线时，容易犯的错误是不自觉地以手肘为圆心进行绘制（图 2-24）。这种"甩"出来的直线实际是一个大圆中的一小段弧线，绘制短直线时看不出弊端，一旦线条过长，其弧线的轨迹就暴露无遗。这种绘制方法所凭借的就是前面所提到的"直观感受"，所关注的也只是线条直与不直，而没有去思考如何才能形成正确率较高的直线运动轨迹。

相对正确的绘制方法是：将手当作一把"钳子"并将笔夹住，手肘和手腕同步摆动以带动笔尖在纸面上做直线运动，从而得到成功率较高的直线，如图 2-25 所示。

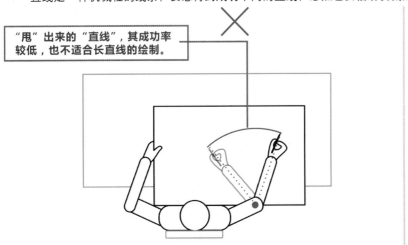

"甩"出来的"直线"，其成功率较低，也不适合长直线的绘制。

图 2-24 不正确的直线绘制方法

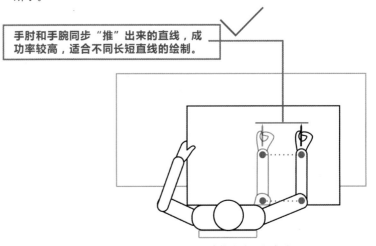

手肘和手腕同步"推"出来的直线，成功率较高，适合不同长短直线的绘制。

图 2-25 相对正确的直线绘制方法

在了解了相对正确的直线绘制姿势后，具体绘制过程中可能仍然会出现绘制出"上弧线"或者"下弧线"的情况。出现"上弧线"的原因在于绘制时手腕的推动比手肘要快，出现"下弧线"的原因在于绘制时手腕的推动比手肘要慢。我们应不断总结原因并及时调整，以不断提高直线绘制的成功率。

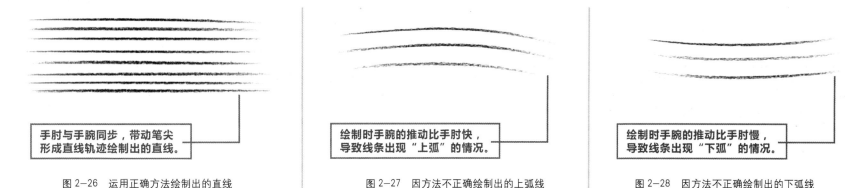

手肘与手腕同步，带动笔尖形成直线轨迹绘制出的直线。

图 2-26 运用正确方法绘制出的直线

绘制时手腕的推动比手肘快，导致线条出现"上弧"的情况。

图 2-27 因方法不正确绘制出的上弧线

绘制时手腕的推动比手肘慢，导致线条出现"下弧"的情况。

图 2-28 因方法不正确绘制出的下弧线

2-6-2 中间重两端轻的直线

该类线条多用于产品基本结构与透视关系的绘制，是起稿阶段常用的线条之一。

绘制该类直线时，先定出直线两端端点，再将手肘与手腕同步摆动以带动笔尖在两点间做直线运动，确定笔尖准确通过两端端点后，保持住手臂的移动轨迹，同时将目光移至两点中间位置，再将笔尖迅速接触纸面完成线条绘制。需将目光移至两点中间位置的原因在于，在注意力集中的位置用力会不自觉加重，而我们所需要的是中间较重的线条，所以将注意力集中到两点中间位置能更好地保证线条的绘制效果。

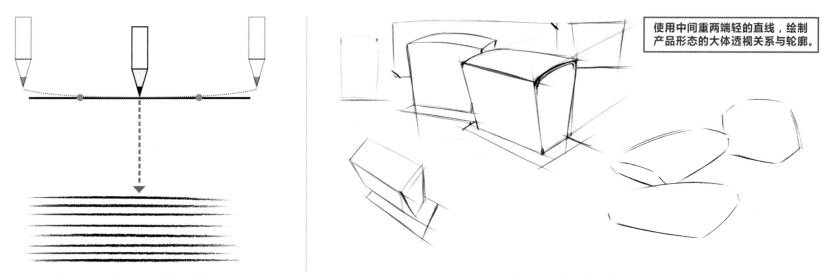

使用中间重两端轻的直线，绘制产品形态的大体透视关系与轮廓。

图 2-29 中间重两端轻直线的绘制方法

图 2-30 中间重两端轻直线的应用

2-6-3 起点重的直线

相对于中间重的直线,起点重的直线更易于精确控制线条的位置与轻重变化,是进一步强调产品形态与结构时常用的线条。绘制该类线条时同样需要先确定出

直线两端端点,再将笔尖置于起点,通过手肘与手腕同步移动将笔尖滑动至终点,笔尖即将到达终点时迅速脱离纸面。

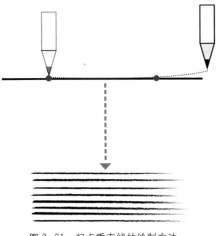

图 2-31 起点重直线的绘制方法

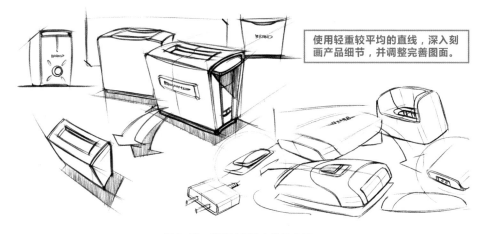

使起点重的直线,进一步塑造产品的形态与结构。

图 2-32 起点重直线的应用

2-6-4 轻重较平均的直线

上面所介绍的两种线条适用于产品整体形态及主要结构的绘制。轻重较平均的直线能更好地控制线条的长度及轻重变化,相比前面两种线条,它更适用于产

品细节的精细刻画。绘制该类线条时先确定起点与终点,再将笔尖置于起点,通过手肘与手腕同步移动将笔尖滑动至终点。

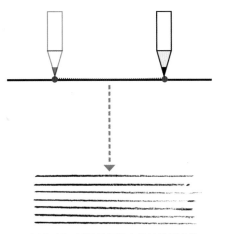

图 2-33 轻重较平均直线的绘制方法

使用轻重较平均的直线,深入刻画产品细节,并调整完善图面。

图 2-34 轻重较平均直线的应用

2-7　曲线的绘制技巧

　　曲线是工业产品设计中普遍使用的形态元素。在进行手绘表现时，按照其规律性与画法来分类，可以分为随机性曲线和抛物线两种。

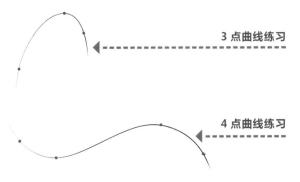

图 2-35　随机性曲线的训练方法

2-7-2　抛物线

　　抛物线自身多为 3 点曲线且呈对称状态，而在空间中往往因透视变化呈现出非对称状态，在绘图时要注意其透视变化规律。抛物线的训练方法与随机性曲线

2-7-1　随机性曲线

　　随机性曲线常用的训练方法有 3 点曲线练习与 4 点曲线练习。在纸面上定出 3 点或 4 点，移动手臂以带动笔尖通过各个节点，确定笔尖基本通过节点后，保持住手臂的"肌肉记忆"，再将笔尖迅速接触纸面完成线条绘制。

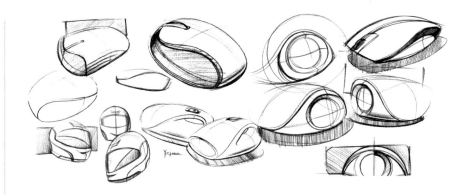

图 2-36　随机性曲线的应用

相同，在纸面上定出抛物线的 3 个节点，移动手臂并确定笔尖通过各个节点后将笔尖迅速接触纸面完成线条绘制。训练时可先绘制对称抛物线，再过渡到抛物线组合与抛物线透视练习。

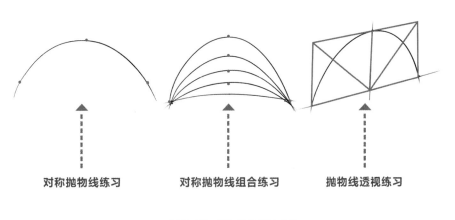

图 2-37　抛物线的训练方法

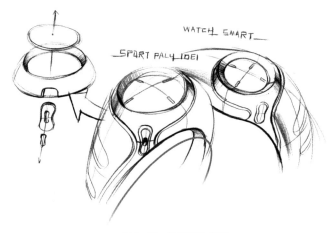

图 2-38　抛物线的应用

2-7-3 随机性曲线与抛物线组合训练

在进行抛物线训练时，也可与随机性曲线结合起来进行简单的空间练习，以不断提高线条控制能力和透视感受。

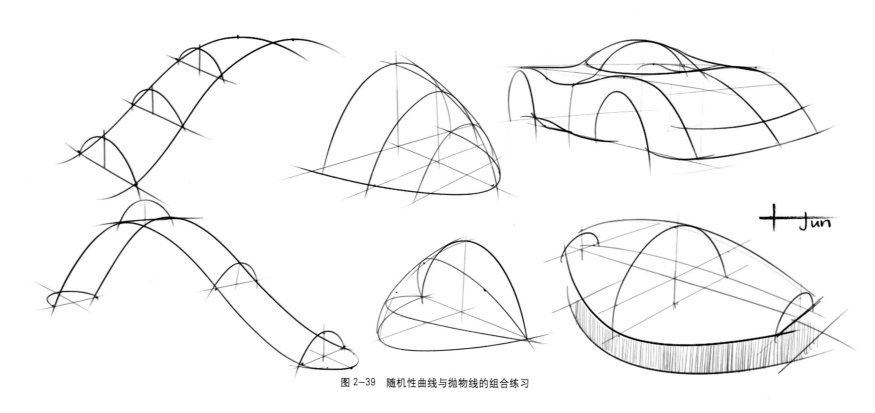

图 2-39 随机性曲线与抛物线的组合练习

2-8 圆与椭圆的绘制技巧

圆、椭圆实质是曲线的特殊状态，但相对于随机性曲线与抛物线，圆、椭圆更具有规律性，绘制的难度也更大，需要大量的练习才能熟练掌握。绘制时也需要整体移动手臂以带动笔尖在纸面上做圆形或椭圆形运动，确定笔尖运动轨迹满足要求后，保持肌肉记忆，再将笔尖迅速接触纸面完成绘制。

2-8-1 圆

正圆的出现通常有两种情况，一是产品形态本身为正球体，二是圆形处于一点透视的状态。

正圆常用的练习方法有定4边与定切点。

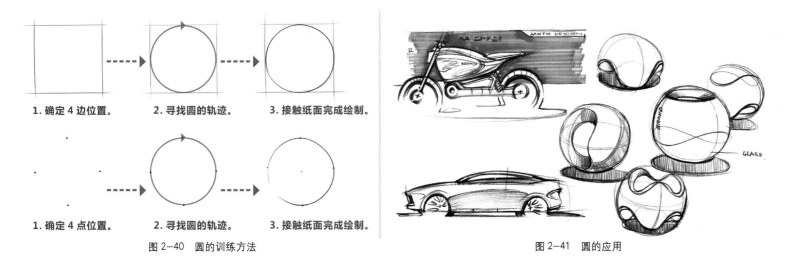

1. 确定 4 边位置。　　2. 寻找圆的轨迹。　　3. 接触纸面完成绘制。

1. 确定 4 点位置。　　2. 寻找圆的轨迹。　　3. 接触纸面完成绘制。

图 2-40　圆的训练方法

图 2-41　圆的应用

2-8-2　椭圆

椭圆通常在两种情况下出现：一是形态本身为椭圆，二是正圆在两点透视或三点透视状态下形成的透视变形。椭圆的绘制技巧与正圆绘制技巧相同，但相对于正圆，在绘制时应更注意其透视变化关系。

常用的训练方法有定切线和定路径。

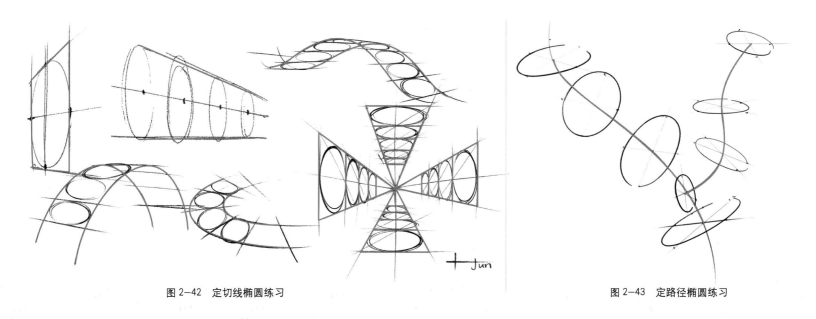

图 2-42　定切线椭圆练习

图 2-43　定路径椭圆练习

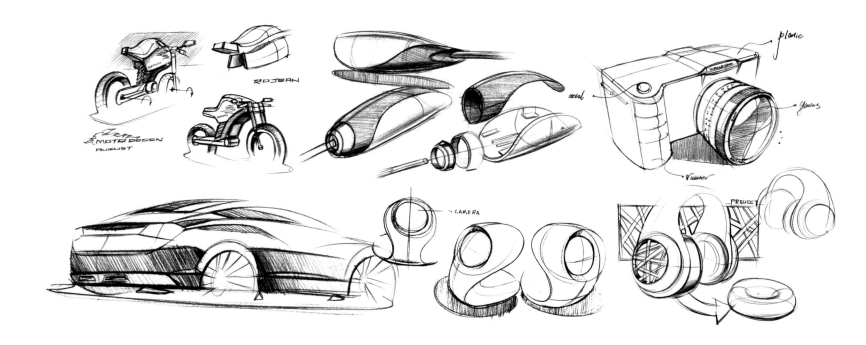

图 2-44 椭圆的应用

本章小结

在本章中，我们学习了线条的本质、分类、轻重处理原则及绘制技巧。线条是进行透视关系表达、形态分析与阐释的主要手段，理解并掌握本章的知识点，能帮助我们更清晰地认知工业产品设计手绘的本质，并建立起扎实的手绘基本功，从而为后续章节知识的学习和综合运用奠定扎实的基础。

第 3 章 | 构建从线条到空间的桥梁

HUANGSHAN
HAND DRAWING
FACTORY

+ 始于 2006
+ 我们只关注工业产品设计

SINCE
2006

在上一章中，我们将线条比喻为武术中的速度与力量。速度与力量仅仅是取胜的基础条件，在搏击中我们还需要将它们用合理的"招式"进行有效结合，才能快速而准确地击倒对手。透视便是将线条整合为"手绘招式"，并准确有效地进行产品形态表达的桥梁。许多初学者虽然具备一定的线条控制能力，却难以在二维纸面准确表达出符合人类视觉规律的三维形态，其中一个重要原因便是透视知识的缺失。

本章也将从透视认知、透视原理、透视的实用技巧等方面，对透视基础知识及实战应用进行详尽阐述，以帮助大家完成从"线条"到"手绘招式"的过渡。

3-1 对透视的认知

3-1-1 人类认知物象的三个层面——观、抄、造

我们通过视觉去认知客观世界的形与色，至于这个世界是不是我们所看到的模样，我们不能确定，可能在其他生物眼里我们创造的是一个荒谬的世界，这一问题过于虚无，我们姑且不论。工业产品设计手绘需要虚拟的是一个符合人类视觉规律的假象空间，既然要虚拟，首先就需要了解真实世界的客观规律，再运用这种规律去指导我们进行空间的虚拟。在了解各种规律前，我们先通过分析人类认知物象的层次来明确我们的学习目标。

依据人类对物象的理解能力及所受专业教育的不同，大致可以分为三个层面——观、抄、造。

观：图 3-1 为两个被左上方光源照射的立方体。为何你没有看成是圆柱体或圆锥体？可能你会认为这是一个荒谬的问题。从我们能认知客观世界起，我们的教育就告诉我们这一类物体是立方体，我们就知道世界是三维且多彩的，空间有近大远小的变化，物体有材质、色彩的不同。这便是人类认知物象的第一个层面——观，每一个没有视觉障碍的人都能通过眼睛去感知客观世界。

抄：现在需要我们对这两个立方体进行记录，没有美术基础的人很难将它们进行精准描绘，因为能感知并不代表能准确复述。学习过美术的人则能通过透视、结构及明暗的表述，在纸面上虚拟一个与这两个立方体类似的虚拟物象，如图 3-2 所示。这便是人类认知物象的第二个层面——抄。

造：接下来我们把立方体拿开，将它们的高度增长 1 倍，并选择任意角度将它们绘制出来，如图 3-3 所示。这个时候就需要我们运用透视知识精确地计算出一个全新物体，并分析出它在不同视角下的透视与明暗变化。在这个过程中没有物体让你"抄"了，你的大脑会经过分析、思考，最后将分析所得的结果在纸上形成一个符合客观规律的虚拟物象，也就是说你需要"造"。

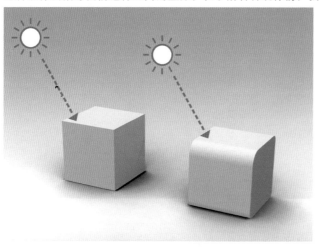

图 3-1 观

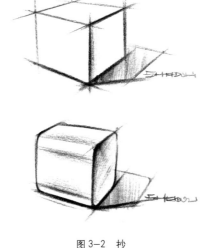

图 3-2 抄

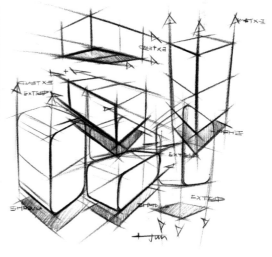

图 3-3 造

"造"的能力，是学习工业产品设计手绘需要掌握的核心能力，因为我们要绘制的物体"观"不到，也"抄"不到。需要提到的是，很多初学者临摹了大量的优秀手绘作品，似乎"卓有成效"，而当真正独立表达自己的设计思维时却很糟糕。其原因就在于这些初学者临摹时更多的是在单纯地"抄"，没有思考和总结如何去为"造"奠定基础。

3-1-2 透视——从线条到空间的桥梁

从单一的线条到三维空间，我们需要一个转换的桥梁。从远古时期人们在洞穴上用壁画记录生活开始，人类就在不断寻找通过二维平面记录与创造三维世界的途径，这一方面的研究在文艺复兴时期进入了成熟期，形成了系统的线性透视、空气透视、隐没透视等系统的透视理论知识，为人类记录客观世界及虚拟三维世界找到了一个科学的桥梁。

前文中我们提到，决定一根线条是否有价值的根本在于它们是否以合适的状态放在了合理的位置。也就是说，我们绘制工业产品设计手绘图的目的不仅仅是线条的漂亮与否，更重要的是要构建一个合理的三维虚拟空间。虚拟空间的构建是否合理的关键在于，我们在绘制每一根线条前的思考是否正确；决定思考是否正确的关键则在于，我们对虚拟空间的分析是否符合透视规律。在这一过程中，线条只是记录我们的分析和思考的一个工具，透视才是决定三维虚拟空间合理与否的关键所在。

3-1-3 线性透视原理

通俗来讲，线性透视研究的是因对物象观察角度与距离不同而形成的形态视觉变化，空气透视研究的是因物象远近的不同而形成的近浓远淡的色彩变化，隐没透视研究的是因物象远近的不同而形成的近实远虚的清晰度变化。因工业产品设计手绘图的空间纵深变化相对较小，受空气透视变化与隐没透视变化的影响也较弱，所以线性透视是否准确成为了决定产品信息是否准确传递的关键因素，也是我们需要重点掌握的透视知识。

工业产品设计手绘图的绘制是一个在二维纸面上构建三维形态的过程。在进行设计构思后，我们假想所构思的产品形态与视点之间有一平面存在，这一假想平面就是图面，再将产品形态通过线性透视法则投影到图面上，从而完成三维形态的表达。

以图3-4为例，左侧为绘制对象的顶视图，G点为站点位置，M1、M2点为两端的消失点，消失点的连线则为假想平面（即图面）。在当前一点透视的情况下，该长方体的黄色面与图面平行且重合，不发生透视变化，而蓝色面与图面不重合，且位于图面后方，经过投影后比其真实宽度要小。按照线性透视的一点透视法则，我们便能得到一个模拟真实三维空间形态的透视图。

关于透视的基础理论知识在相关书籍中都有详细介绍，本书将重点阐述透视的实用技巧与练习方法，对透视的基础理论知识不再进行深入讲解。

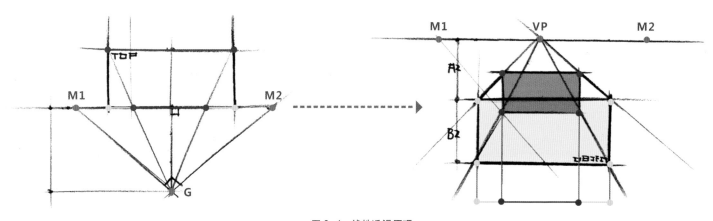

图3-4 线性透视原理

3-2 一点透视原理与实用作图方法

3-2-1 一点透视形成原理

当物体的某一基准面与图面平行时形成的透视关系为一点透视。其特征为：与图面平行的线长宽比例不变，只发生近大远小的变化；而与图面垂直的线则发生纵深透视变形并向灭点消失，也就是透视基础知识中的"变线"。

如图 3-5 所示，长方体某一基本面与图面平行，长方体的长宽高比为 2：1：1，视平线（HL）高为 2 个单位（A1+B1），视点（S）离长方体距离为 1.5 个单位（C1）且位于长方体中间位置，在确定了物体尺寸、视平线高度、视距、视点位置等因素后，通过透视投影法则我们能得到唯一的透视答案。

3-2-2 一点透视实用作图方法

在设计创新思维的手绘记录过程中，设计构思往往转瞬即逝，不会有过多的时间允许我们绘制太多的辅助线与投影线，但没有相对正确的方法又容易造成透视失真，所以快速的实用作图法则在绘制手绘图时显得尤为重要。上文中我们讲到，一点透视中与图面平行的线只发生近大远小的透视变化，而与图面垂直的线则发生纵深透视变形且消失于灭点。也就是说，在一点透视中求变线的长度是难点所在。

在实际绘制过程中，可先绘制出灭点、消失点及基准面，依据需要求得的长

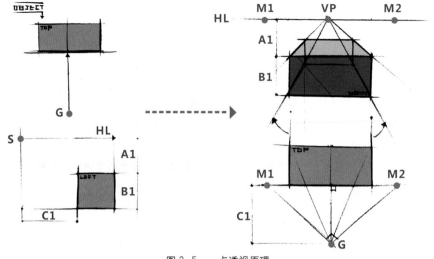

图 3-5 一点透视原理

度从变线的端点往灭点方向水平取点，再将该点与反方向的消失点连线，连线与变线的交点即为发生透视变形后的线条长度位置。如图 3-6 所示，以基准面尺寸为参照，从变线的端点 A 往灭点（VP）方向水平取单位 1 得到点 B，将点 B 与反方向灭点 M1 相连，连线与变线的交点 B1 为所求的点，即线 A—B1 为发生透视变形后的单位 1。若想求得发生透视变形后的 2 个单位长度，则从变线的端点取 2 个单位后再与消失点相连，如图中所求得的线 A—C1 即为发生透视变形后的 2 个长度单位。在日常练习中，可自行设定三视图，再进行多角度绘制，如图 3-7 所示。

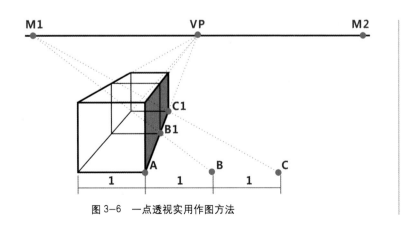

图 3-6 一点透视实用作图方法

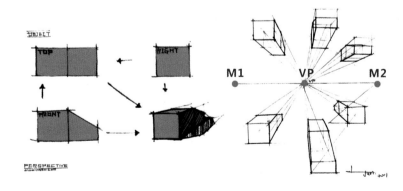

图 3-7 一点透视多角度绘制练习

3-2-3　一点透视记忆练习

若想快速绘制出相对准确的一点透视需要进行大量的基础练习。通过基础练习将不同形态、不同角度的一点透视变化规律了然于心后，才能在工业产品设计手绘图的实际绘制中做到信手拈来。

如图3-8所示，在日常训练中，可将灭点定于纸面中间位置，消失点定于纸面两端，自行设定物体长宽高后，在纸面上将位于各个空间位置的物体绘制出来。需要注意的是，练习时一定要设定物体的长宽高以确定训练目标，否则只是在作简单的线条与空间的练习，对培养精准透视感受能力的作用不大。

3-2-4　一点透视的应用

一点透视的透视关系容易把握，适合表现主要设计信息集中在某一平面或某一视角的产品。

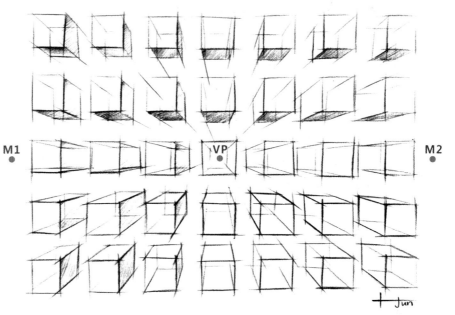

图3-8　一点透视记忆练习

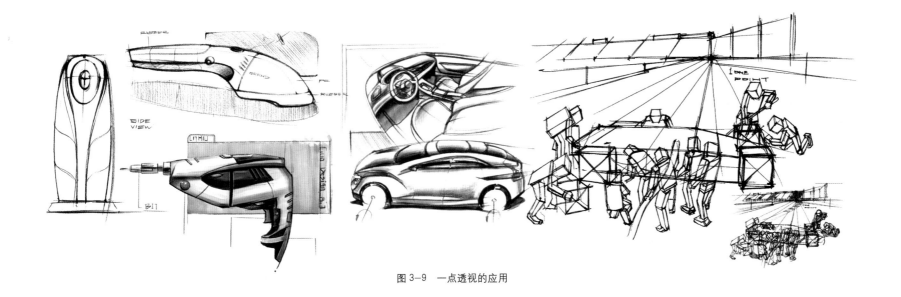

图3-9　一点透视的应用

3-3 两点透视原理与 45° 视角实用作图方法

3-3-1 两点透视形成原理

当物体无基准面与图面平行且成一定的角度时形成的透视关系为两点透视，也称成角透视。其特征为：垂直线条只发生近大远小的透视变化，其他线条则成为变线并向左右两边灭点消失。

如图 3-10 所示，长方体基准面与图面成 45° 夹角，长宽高比为 2：1：1，视平线 (HL) 高为 3 个单位 (A1+B1)，视点 (S) 离长方体距离为 3 个单位 (C1)，心点 (CV) 位于真高线所在的垂线上。在确定了物体尺寸、视平线高度、视距、视点位置等因素后，通过透视投影法则我们能得到唯一的透视答案。

3-3-2 两点透视 45° 视角实用作图方法

两点透视相对于一点透视变化要更为复杂，本节重点讲解 45° 视角两点透视实用作图方法，其他视角的训练方法在后续章节中讲解。

如图 3-11 所示，以真高线尺寸为参照，从变线的端点 A 往心点 (CV) 方向水平取真高线 2/3 长度得到点 B，将点 B 与心点 (CV) 相连，连线与变线的交点 B1 为所求的点，即线 A-B1 为发生透视变形后的单位 1。若想求得发生透视变形后的

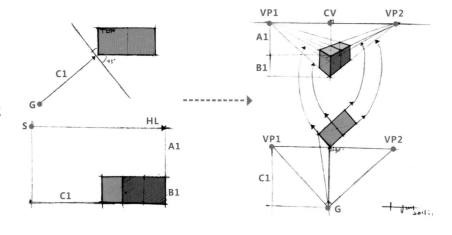

图 3-10 两点透视原理

2 个单位长度，则从变线的端点取 2 个真高线 2/3 长度后再与心点相连，如图中所求得的线 A—C1 即为发生透视变形后的 2 个长度单位。这种方法虽然能得到相对准确的透视关系，但还是有一定误差。以长度为 1 个单位为计，误差约为 0.1 个单位，其误差值在工业产品设计手绘图中可基本忽略不计。在日常训练中，同样需要在自行设定物体尺寸的基础上进行大量的透视练习，以不断提高两点透视控制能力。

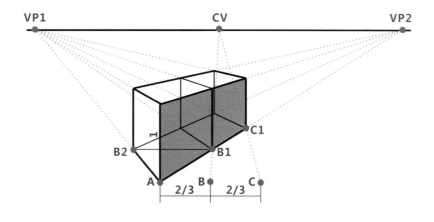

图 3-11 两点透视 45° 视角实用作图方法

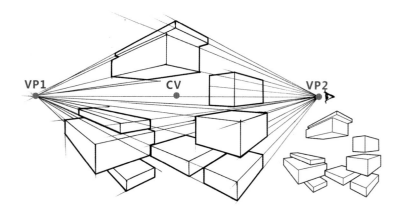

图 3-12 两点透视 45° 视角实用作图方法练习

3-3-3　两点透视 45° 视角记忆练习

两点透视 45° 视角记忆的常规训练同一点透视记忆训练方法类似。

如图 3-13 所示，在日常训练中，可将心点定于纸面中间位置，灭点定于纸面两端，自行设定物体长宽高后，在纸面上将位于各个空间位置的物体绘制出来。绘制时同样需要设定物体长宽高，以求绘制出的形体符合预想尺寸，从而不断提升自己的透视感受能力，最终达到能独立对透视关系正确与否进行自我评判的学习目的。

3-3-4　两点透视的应用

相对于一点透视，两点透视的表现形式更为灵活，且传递的设计信息更多，也是产品手绘图中最常用的透视类型。在选择两点透视具体角度时，应将设计信息较多的面作为图面主体。

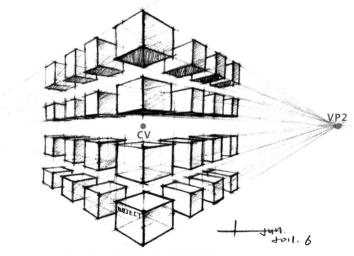

图 3-13　两点透视 45° 视角记忆练习

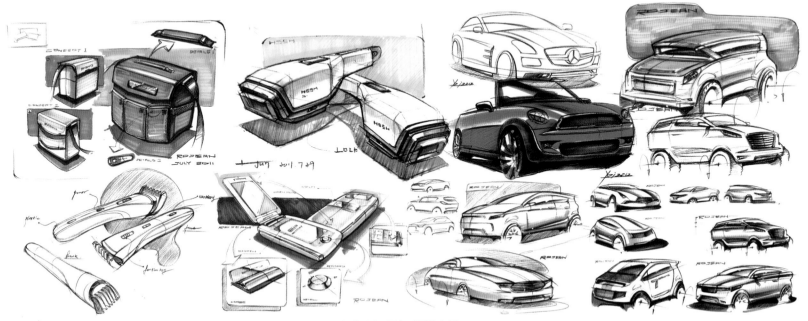

图 3-14　两点透视的应用

3-4　空间旋转与形态延展

3-4-1　空间旋转

在上面章节中，我们了解了一点透视、两点透视的形成原理及相关实用作图方法。一点透视及两点透视45°视角相对比较容易绘制，但我们需要绘制的是三维形态，这就需要我们了解三维形态在360°范围内的透视变化规律。下面我们以立方体为例，对立方体在旋转状态下的透视变化规律进行分析。

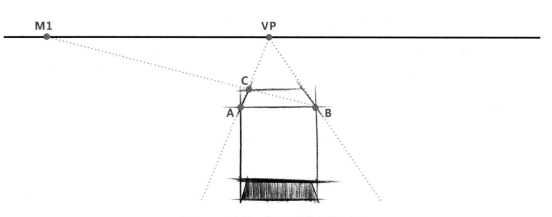

图 3-15　立方体一点透视的快速绘制方法

1. 立方体一点透视的快速绘制

根据一点透视实用作图方法，将点 B 连消失点 M1，与点 A 所在的变线相交于点 C，线段 AC 即为立方体发生透视变形后的纵深长度。依据上述方法，我们定出灭点和一个消失点即可快速完成绘制，如图 3-15 所示。

需要注意的是，基本面应位于两个消失点之间（未定出的另一边消失点可镜像估算位置），在不需要夸张透视变形的情况下也不应离消失点太近。

2. 立方体两点透视 45° 视角的快速绘制

通过两点透视 45° 视角记忆练习，我们发现立方体位于 45° 视角且心点（CV）位于真高线所在垂线上时，左右两边呈对称状态（图 3-16）。在绘制时，我们可抛开灭点与心点的束缚，将点 A 与点 B 处于同一高度，点 C 与点 D 处于同一高度，面 E 与面 F 为镜像状态且横向宽度小于真高线，变线则分别汇聚于两边的灭点，即可快速得到透视关系相对准确的两点透视 45° 视角立方体（图 3-17）。

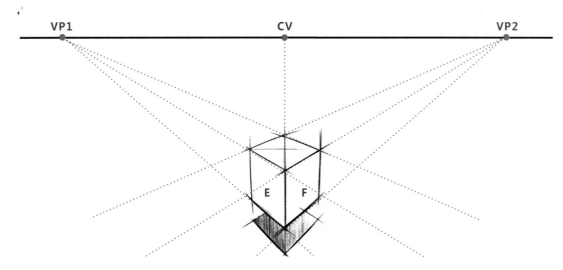

图 3-16　心点位于真高线所在垂线的立方体两点透视 45° 视角

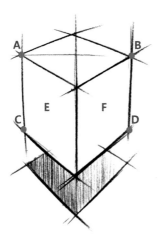

图 3-17　立方体两点透视 45° 视角的快速绘制方法

3. 立方体顺时针旋转的透视绘制技巧

现在我们将一点透视立方体顺时针旋转至一点透视与两点透视之间的状态，其结果为：面 E 上的变线离灭点近且愈翘，面 F 上的变线离灭点远且愈平，如图 3-18 所示。在绘制时，点 A 应高于点 B，点 C 应高于点 D，面 E 的宽度则小于面 F，并保证其变线延长大致能交于两边灭点，即可快速完成绘制（图 3-19）。

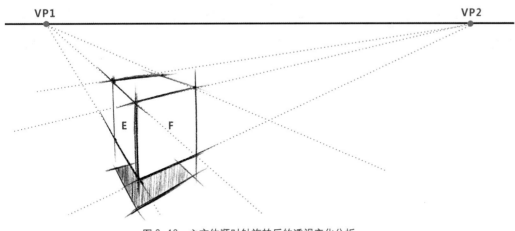

图 3-18　立方体顺时针旋转后的透视变化分析

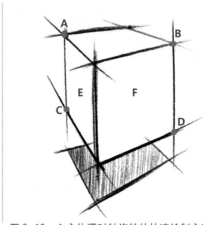

图 3-19　立方体顺时针旋转的快速绘制方法

4. 立方体逆时针旋转的透视绘制技巧

我们再将一点透视立方体逆时针旋转至一点透视与两点透视之间的状态，其结果为：面 E 上的变线离灭点远且愈平，面 F 上的变线离灭点近且愈翘，如图 3-20 所示。在绘制时，点 A 应低于点 B，点 C 应低于点 D，面 E 的宽度则大于面 F，并保证其变线延长大致能交于两边灭点，即可快速完成绘制（图 3-21）。

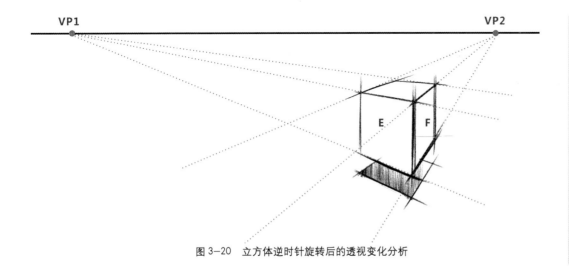

图 3-20　立方体逆时针旋转后的透视变化分析

图 3-21　立方体逆时针旋转的快速绘制方法

3-4-2 形态延展

在前面的章节中，我们多以立方体为参照来进行透视知识的学习，而产品的形态却千变万化，这就需要我们具备控制各种形态变化的能力。依据透视规律，将熟悉的形体（如立方体）进行变化、延伸与拓展，对提高我们的形态控制能力有着重要的作用。

1. 形态的竖向延展

在一点透视和两点透视中，竖直的线条只因空间位置的不同而发生近大远小的透视变化。在空间的竖向延展中，我们也只需以竖直线条的尺度为参照，便可进行上下的形态拓展，如图 3-22 所示。

2. 形态的透视延展

如图 3-23 所示，从顶线的起点连第二根线的中点并交于底线的延长线上，即可拓展一个与原矩形长宽相等的矩形，这种透视规律也能帮助我们对形态进行前后左右的快速延展。

3. 形态延展综合练习

在实际设计工作中，我们面对的设计形态不仅仅存在着一个方向的形体变化。我们在日常练习中也需要进行上下及前后左右不同方向的形态延展训练，以不断提高我们的形态延展能力，如图 3-24 所示。

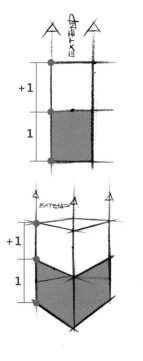

图 3-22　立方体的竖向延展

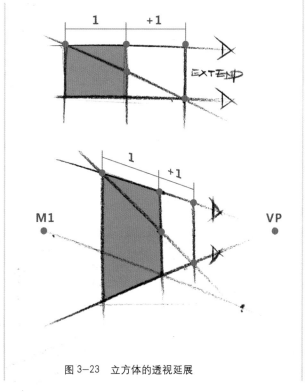

图 3-23　立方体的透视延展

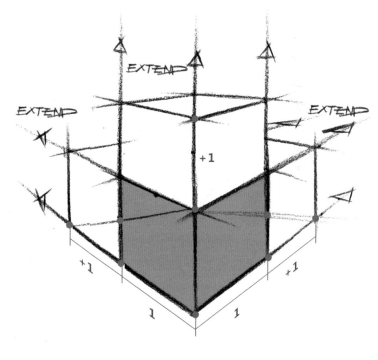

图 3-24　立方体形态延展综合练习

3-4-3 空间旋转与形态延展的应用

如图 3-25 所示，视角 1 为一点透视，视角 2 为两点透视 45° 视角，其他两个视角为任意视角。绘制时以一点透视及两点透视 45° 视角为参照，并依据空间旋转变化规律，不难推算出视角 3 与视角 4 的透视关系。

绘制出立方体各个角度的透视后，我们也可结合具体设计来进行空间旋转与形态延展的综合练习。如图 3-26 所绘制的沙发，便是以图 3-25 的透视关系为基础，通过形态竖向延展进行的沙发形态多角度表达。

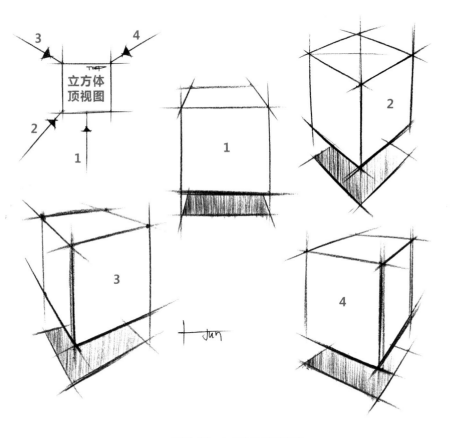

图 3-25　立方体的空间旋转

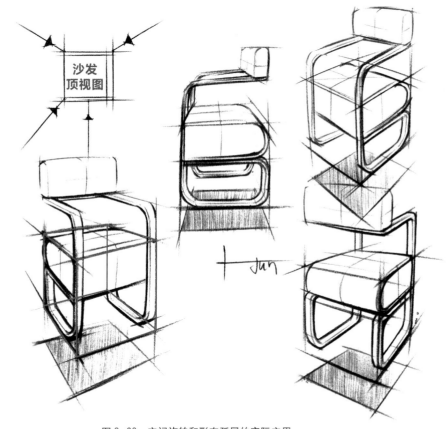

图 3-26　空间旋转和形态延展的实际应用

3-5　其他常用透视技巧

3-5-1　正圆的透视绘制技巧

正圆的绘制有 8 点画圆、12 点画圆等方法，其中以 8 点画圆法最为简单快捷。其绘制方法为，先确定与圆相切的矩形并将矩形对角线 6 等分，再将矩形 4 边中点与邻近矩形的 4 个对角线等分点相连，即可得到相对精确的正圆。

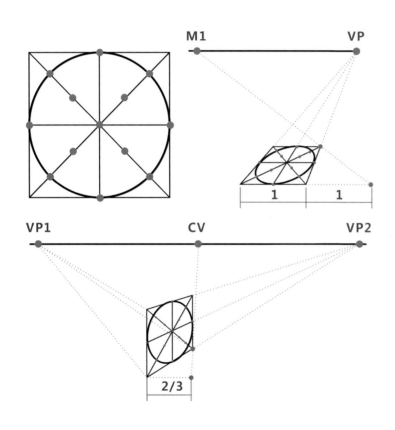

图 3-27　正圆的透视绘制技巧

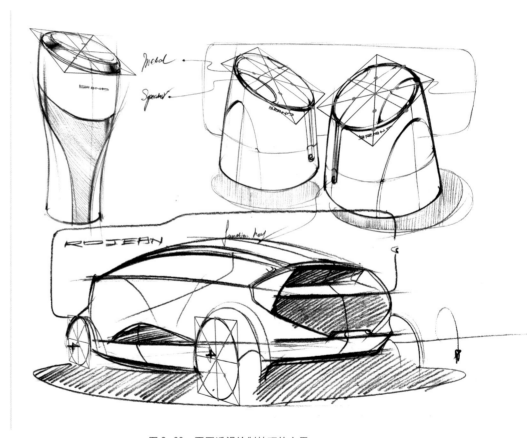

图 3-28　正圆透视绘制技巧的应用

3-5-2　随机性曲线的透视绘制技巧

随机性曲线看似无规律可循，但其曲率实质是由几个关键点决定的。在绘制该类线条的透视时，先依据整体透视关系将关键点的位置定出，再将关键点相连，

即可得到随机性曲线的透视，如图3-29所示。这种方法对我们准确绘制曲面形态，起着至关重要的作用。图3-30为以该方法绘制的以曲面为主的产品形态。

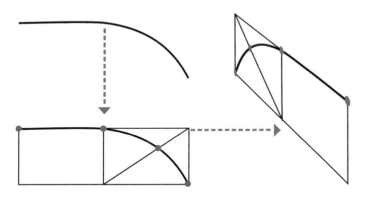

图3-29　随机性曲线的透视绘制技巧

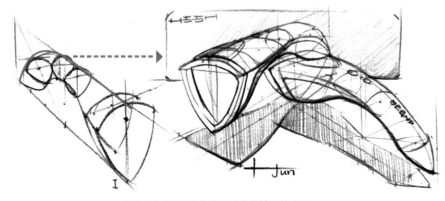

图3-30　随机性曲线透视绘制技巧的应用

3-5-3　正三角形的透视绘制技巧

正三角形又称等边三角形，为三边相等且三个内角均为60°的三角形。绘制正三角形时，我们可借助圆形作为辅助。

如图3-31所示，先将圆的半径2等分，再将等分点D延长交圆形得到点B、C，

最后将点A、B、C相连，即可快速完成正三角形的绘制。图3-32为正三角形绘制技巧在产品透视图中的应用。同时，如果将正三角形进一步细分，我们便能得到正六边形。

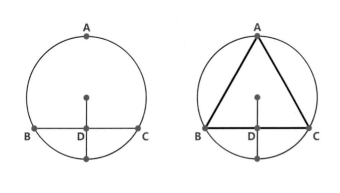

图3-31　正三角形的透视绘制技巧

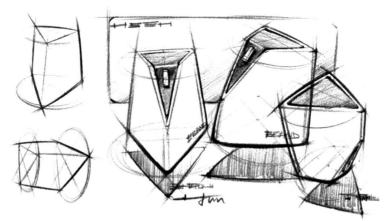

图3-32　正三角形透视绘制技巧的应用

3-5-4 正五边形的透视绘制技巧

正五边形为五边相等且五个内角均为108°的图形，我们同样可借助圆形快速完成对正五边形的绘制。绘制方法如图 3-33 所示。

1. 先将圆的直径 3 等分，并将上方等分点 F 延长交圆形得到点 B、C；

2. 将最下方等分线段再进行 3 等分，并将等分点 G 延长交圆形得到点 D、E；

3. 将点 A、B、C、D、E 相连，完成正五边形的绘制。

图 3-34 为正五边形绘制技巧在产品透视图中的应用。

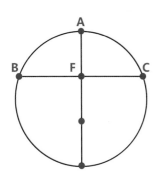 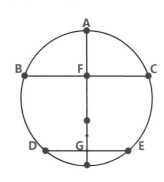 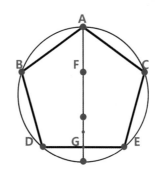

图 3-33 正五边形的透视绘制技巧

图 3-34 正五边形透视绘制技巧的应用

需要注意的是，本小节及上一小节介绍的正五边形及正三角形透视绘制技巧并非正确的作图方法，与科学作图的结果存在一定的误差。这些误差对于工业产品设计手绘图可基本忽略不计，上述方法也只是为了帮助我们相对准确地快速完成形态的绘制，并不作为科学参考。

本章小结

在本章中，我们了解了透视的作用，学习了透视原理、透视实用作图方法以及相关实战技巧。

透视是从单一线条过渡到三维空间的桥梁，它也帮助我们将线条变成了有效的"手绘招式"。在下一章"借笔建模"中，我们将分析如何用不同的"手绘招式"化解不同的设计形态，而轻松"化解"不同的设计形态的前提是要牢固掌握各种不同的"手绘招式"。所以，理解并牢固掌握本章的知识点，对下一章知识的学习有着重要的作用。

第 4 章｜借笔建模的思维方式

HUANGSHAN
HAND DRAWING
FACTORY

+ 始于 2006
+ 我们只关注工业产品设计

SINCE
2006

在工业产品设计手绘中，对线条的正确认知与熟练绘制是基本功，透视知识则能帮助我们将线条整合为有效的"手绘招式"。然而，招式是一定的，我们需要记录和表达的产品形态却千差万别，仅仅掌握线条和透视知识并不足以帮助我们解决所有的问题。面对千差万别的产品形态，我们如何迅速地作出科学的分析和判断，并通过"手绘招式"的综合运用对各种形态进行有效化解，是我们在学习了线条与透视知识后需要重点思考的。这种"见招拆招"的能力，恰恰是工业产品设计手绘最核心的精神本质；也只有掌握了这种能力，我们也才能以不变应万变，从容地面对变化百出的设计创新思维，并自信地进行记录和表达。

4-1 借笔建模之三维逻辑思维能力

4-1-1 什么是三维逻辑思维能力

在"人类认知物象的三个层面 —— 观、抄、造"一节中，我们了解了"造"是学习工业产品设计手绘必须要掌握的核心能力。在掌握"造"的能力前，我们先要建立三维逻辑思维能力。

在学习机械制图时，我们通过三视图推算出工业产品的三维制图。在绘制工业产品设计手绘图时，我们同样需要明确地知道绘制对象的三视图或者六视图的具体形态，并能将各个视图对应到产品透视图的各个方向，这种思考方式便可以理解为三维逻辑思维能力。这既是一种正确的设计手绘思考方式，也是我们要具备的一种设计创新素质，因为我们需要创造的对象是三维形态。

如图 4-1 所示，通过物体的三视图，我们能计算出物体的三维形态，再运用透视知识将物体在纸面上表达出来。

4-1-2 三维逻辑思维能力的作用

首先，我们来分析三维逻辑思维能力对手绘能力提高的作用。我们经常会看到一些初学者对着优秀的手绘作品"照猫画虎"，然后拿着与原作有几分相似的临摹图沾沾自喜，然而在独立表达设计创新思维时却顿足掉耳、黔驴技穷。究其原因，我们如果在连绘制对象都没有分析透彻的情况下就去临摹作品，其结果只是"邯郸学步"般的模仿。这种浅尝辄止的学习，如何能真正帮助我们理解原作

者的绘制思路，又如何能让我们真正学习到他人的精髓？在进行作品临摹前，我们可以先分析并绘制出产品的三视图，再抛开原作根据三视图进行三维逻辑推算（如图 4-2 所示），最后再将自己的作品与原作进行对比查找不足。同时，在独立表达设计创新思维时，这种表达方式也能帮助我们更清晰地梳理设计思路、更全面地表达设计思维。可能一开始我们做得不够好，但这是一个独立思考的过程，在这一过程中我们得到的收获会远远比"照猫画虎"要多得多。

其次，我们再来分析三维逻辑思维能力对设计能力提高的作用。在设计创新思维的记录与表达过程中，笔只是一个工具，纸也只是一个载体。我们要想真正淋漓尽致地表达我们的设计预想，这种三维逻辑能力在线稿绘制时要贯穿始终。因为只有这样透彻的思考我们才能让产品形态的每一个变化都"可触可感"，也只有这样透彻的思考才能让我们的手和脑形成高度的互动，从而最大限度地激荡我们的创新思维、最大限度地发掘我们的设计潜能。

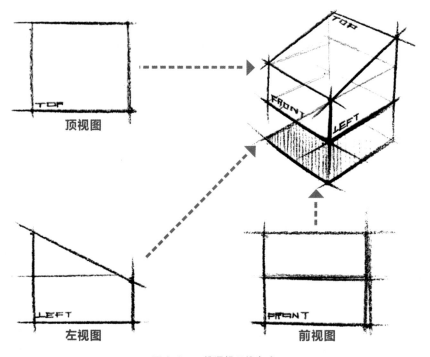

图 4-1 三维逻辑思维方式

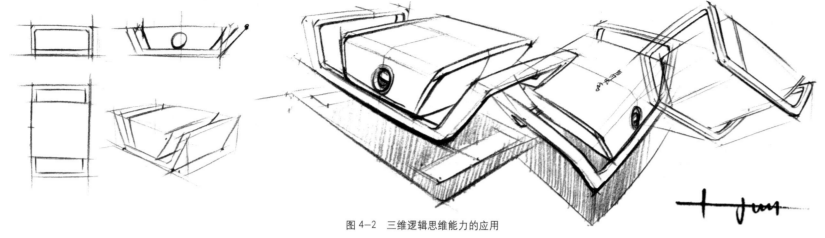

图 4-2　三维逻辑思维能力的应用

4-2　借笔建模之形体的穿插与交接

　　将不同形态进行穿插和交接是工业产品设计中经常用到的结构方式。在了解了三维逻辑思维方法之后，我们先来学习形体穿插与交接的绘制，以保障后续的借笔建模知识学习的顺利进行。在学习了前面章节的知识后，要绘制好不同形体的穿插与交接并不困难。我们需要做的是对绘制对象的形体与结构进行认真分析（图 4-3），再借助透视知识和线条进行细心的表达（图 4-4）。

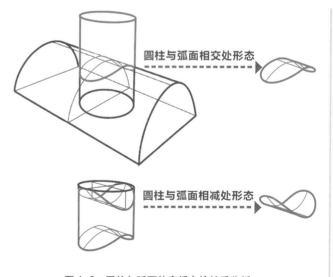

图 4-3　圆柱与弧面的穿插交接关系分析

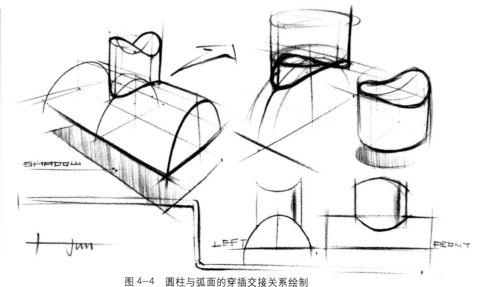

图 4-4　圆柱与弧面的穿插交接关系绘制

形体的穿插与交接关系千变万化，图4-5为其他几种常见的穿插与交接关系，
更多的类型需要大家根据实际情况进行分析和解决。

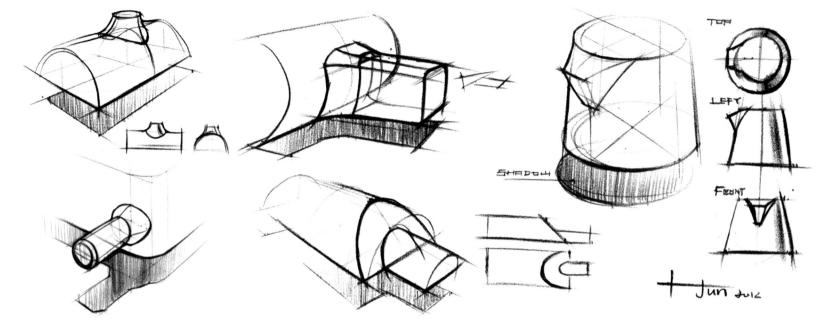

图4-5 其他几种常见的形体穿插与交接

4-3 借笔建模之拉伸与布尔运算

任何物质形态的设计单从形体来考虑，实质是进行空间延展与
加减的过程。在常用的计算机三维辅助设计软件中，简单的拉伸命
令通常为线条沿某一方向挤压成形的建模方式，布尔运算则包括相
加、相减等运算方法。我们可以将这些建模方法借鉴到工业产品设
计手绘图中来，用于简单产品形态的绘制。

4-3-1 拉伸

拉伸是计算机三维辅助设计软件的常用命令之一，主要适用于
形态特征集中在某一个视图的产品。绘制时先分析出特征面的形态
与透视变化，再根据透视关系对该面进行空间延展，如图4-6所示。

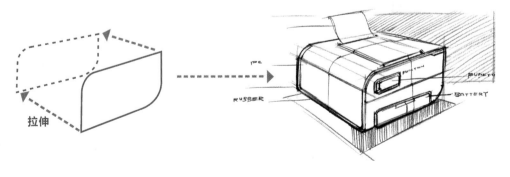

图4-6 常见的形体拉伸

4-3-2 布尔运算之形体加减

通过加减来求得产品形态的方法，主要适用于基本形态为几何体或几何体组合的情况。运用该方法的要点在于，绘制时先抛开产品细节的干扰，分析出产品的基本形态，再逐步完善产品细节。如图 4-7 中绘制的打印机，其基本形态为倒

角长方体。先运用透视知识绘制出倒角长方体，再根据产品细节对其进行加减处理（图 4-8），便可轻松完成打印机的绘制。

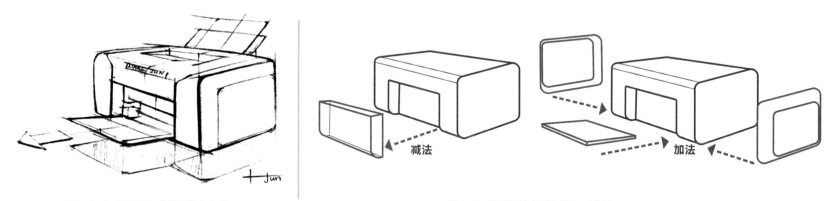

图 4-7 运用形体加减绘制的打印机　　　　图 4-8 打印机基本形态的加减分析

4-3-3 布尔运算之倒角

倒角在计算机辅助设计软件中有专门的命令，认真分析倒角的本质，其实质也是给形体进行加减法的过程。常见的倒角按形态可分为圆角与切角，按倒角次数可分为一次倒角与二次倒角。

1．圆角

圆角的形态为四分之一圆或椭圆，如图 4-9 中 X、Y 方向倒角单位均为 1 的

等距圆角，实质是半径单位为 1 的四分之一正圆。非等距圆角则根据半径的不同求出椭圆形态，再截取四分之一椭圆。

2．切角

切角的形态为需倒角尺寸组成的长方形的对角线，如图 4-10 中 X、Y 方向倒角单位均为 1 的等距切角，实质是单位为 1 的正方形对角线。非等距切角则根据长、宽尺寸的不同先求出长方形的形态，再绘制出对角线。

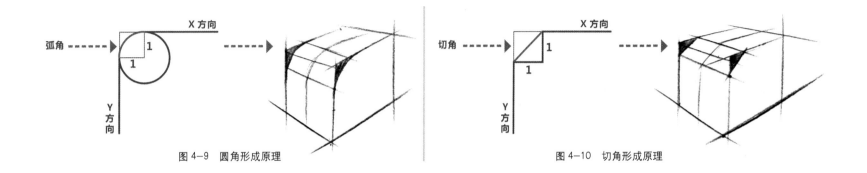

图 4-9 圆角形成原理　　　　　　　　　　图 4-10 切角形成原理

3. 一次倒角

一次倒角是指形体的倒角发生在某一个视图且不与其他视图的倒角相交的状态，如图 4-11 所示。

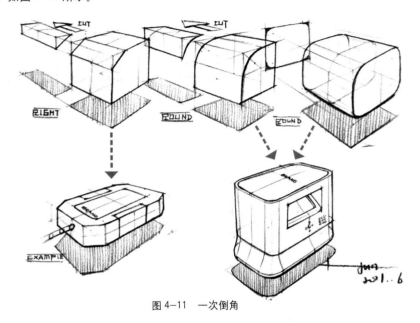

图 4-11　一次倒角

在日常训练中，可选择恰当的案例（如图 4-13）将本节知识进行综合运用，以不断提高分析能力与绘制速度。

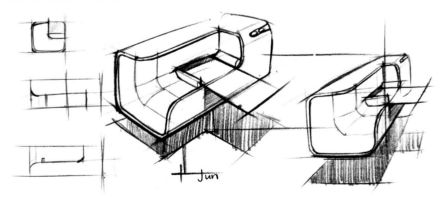

图 4-13　运用拉伸与布尔运算绘制的打印机

4. 二次倒角

二次倒角是指倒角发生在多个视图且相交的状态，如图 4-12 所示。

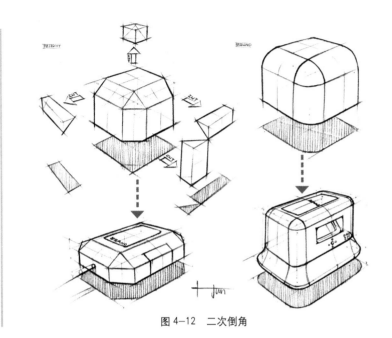

图 4-12　二次倒角

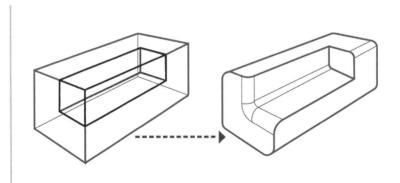

图 4-14　打印机绘制步骤分析

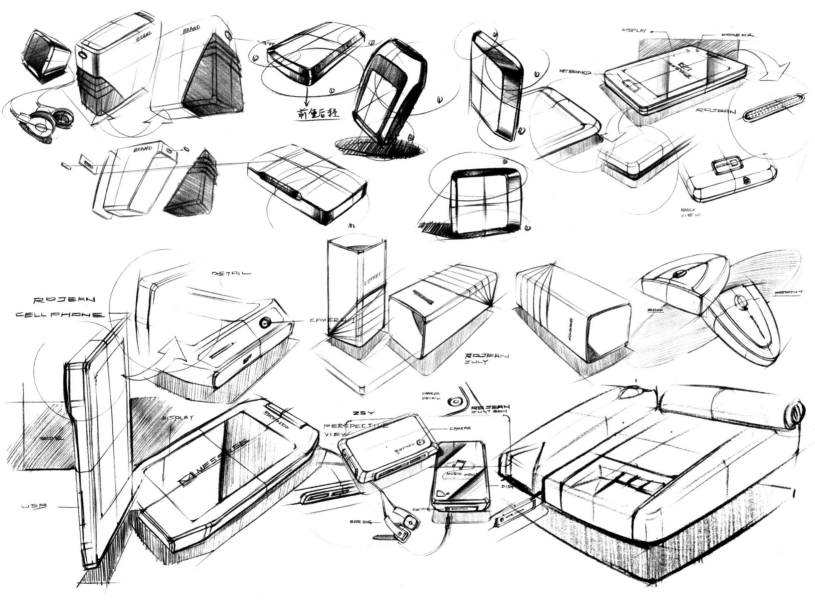

图 4-15 拉伸与布尔运算案例赏析 1

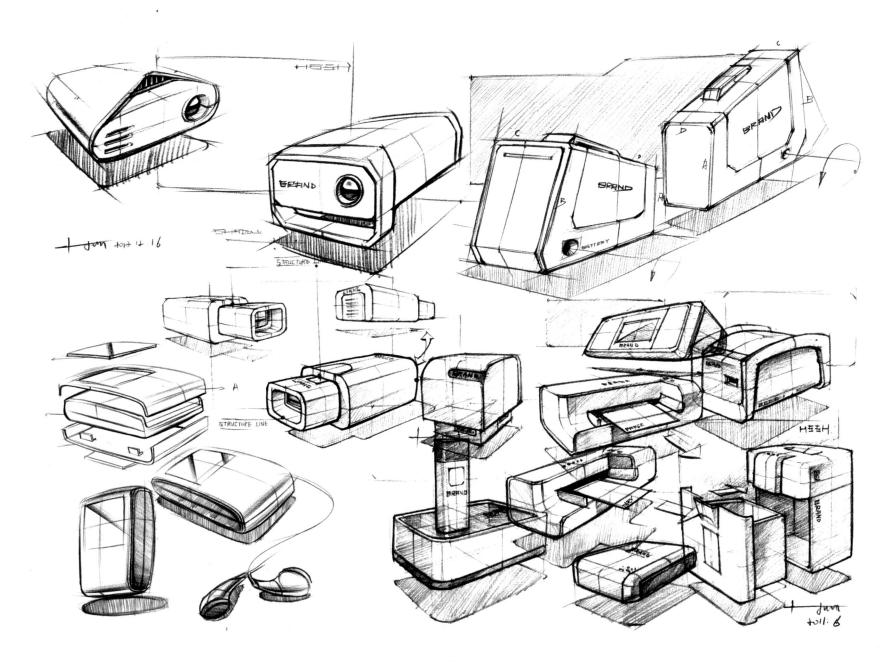

图 4-16　拉伸与布尔运算案例赏析 2

4-4　借笔建模之放样与扫描

4-4-1　放样

关于放样的建模方式，在不同计算机三维辅助设计软件中有所区别。在工业设计常用软件犀牛（Rhino）中，放样是通过多个横截剖面来创建三维模型，建模过程中无放样路径，其形态完全取决于横截面的形态与位置。在第二章分析消失线一节中，我们便是将顺滑剖面与尖锐剖面通过放样来求得消失线（图 4-17）。这种建模思路适合于整体形态由关键横截面来决定的工业产品，如图 4-18、图 4-19 所示。

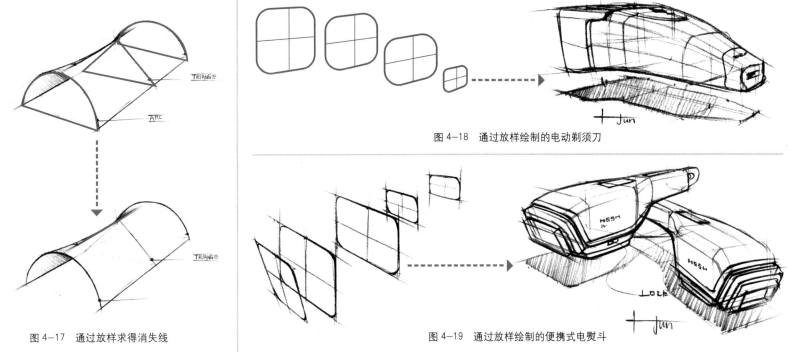

图 4-18　通过放样绘制的电动剃须刀

图 4-17　通过放样求得消失线

图 4-19　通过放样绘制的便携式电熨斗

4-4-2　扫描

在犀牛（Rhino）软件中的扫描命令有单轨扫描与双轨扫描两种形式，适合于创建比较复杂的曲面形态。

1. 单轨扫描

单轨扫描的建模思路与放样有相通之处，都是通过横截剖面创建三维模型，不同之处在于单轨扫描还依据扫描路径来控制横截面的走向。该建模思路适合于具有一个或多个横截面且扫描路径曲率多变的产品形态，如图 4-20 所示。

当扫描路径的节点连线为直线时，其扫描结果与放样相近。遇到该类产品形态时，既可用放样也可用单轨扫描进行绘制。

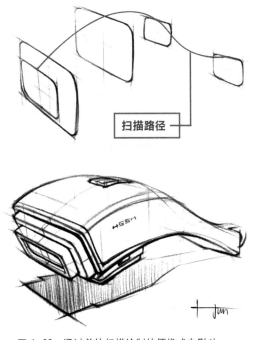

图 4-20 通过单轨扫描绘制的便携式电熨斗

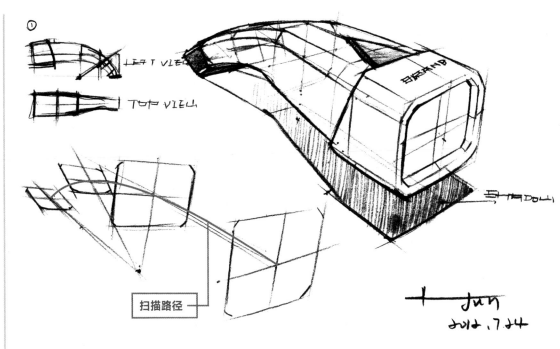

图 4-21 通过单轨扫描绘制的手持电筒

2. 双轨扫描

单轨扫描只有一条扫描路径，其作用仅仅在于控制横截面的走向，对横截面尺寸起不到约束作用。双轨扫描具有两条扫描路径，除控制横截面的走向外，还能根据两条路径的变化将横截面进行尺寸匹配。

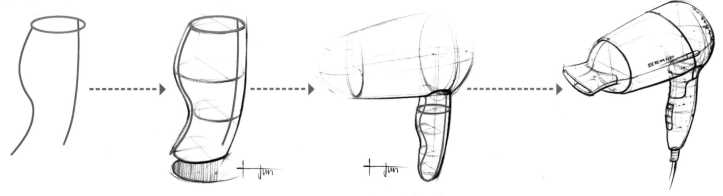

图 4-22 通过双轨扫描绘制电吹风手柄

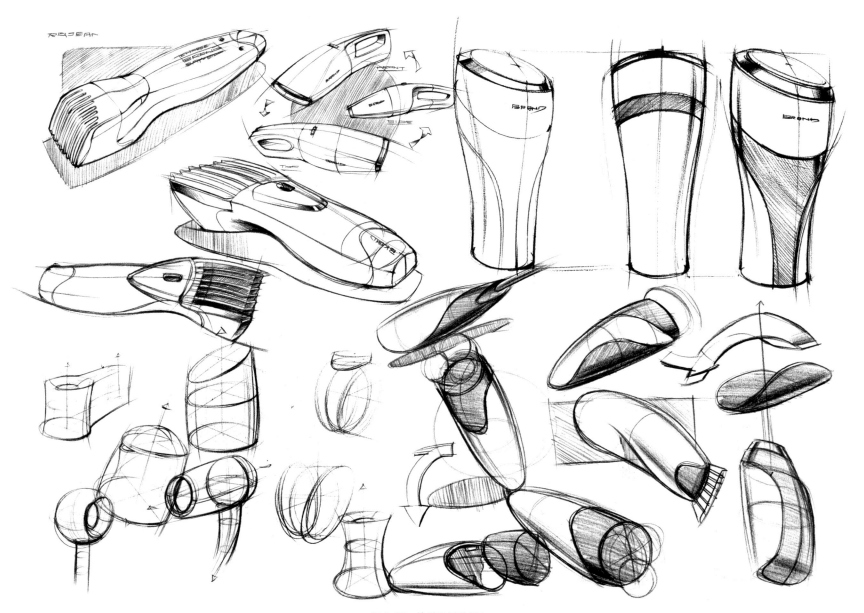

图 4-23 放样案例赏析 1

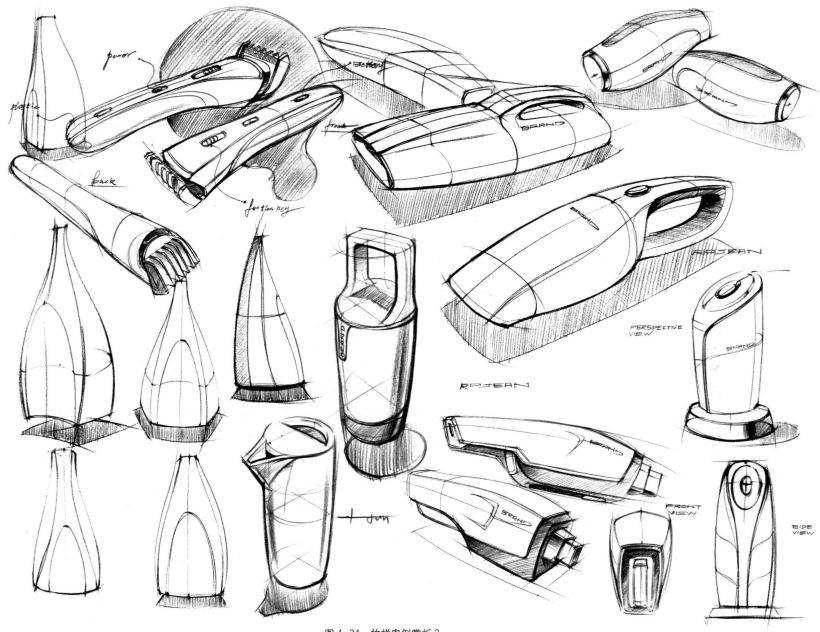

图 4-24 放样案例赏析 2

4-4-4　扫描案例赏析

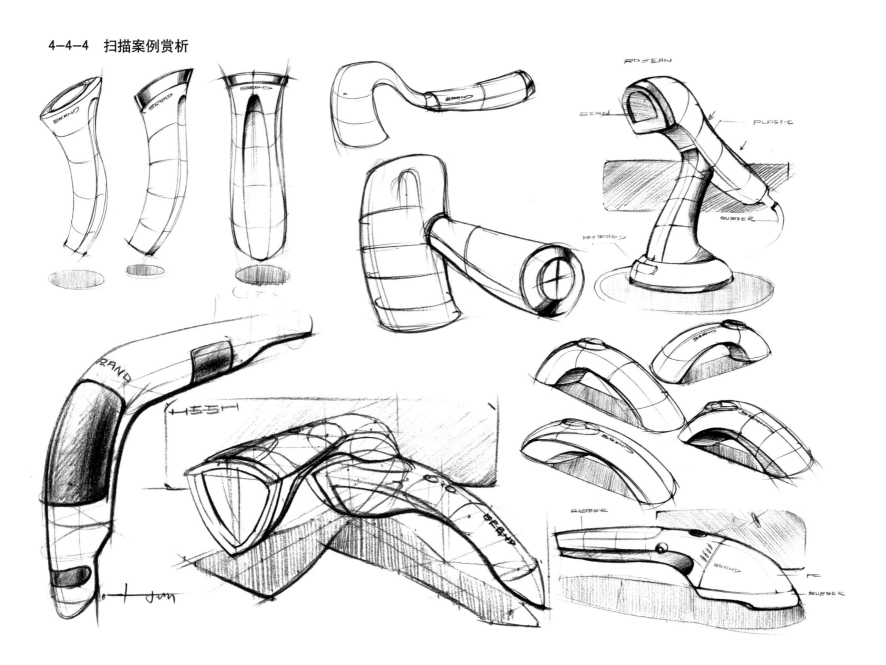

图 4-25　扫描案例赏析 1

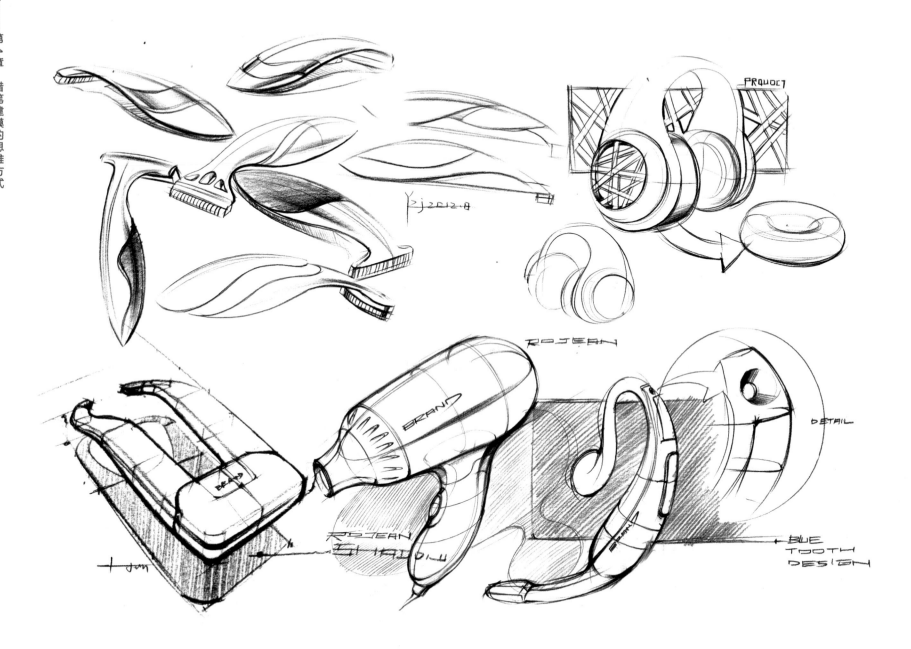

图4-26 扫描案例赏析2

4-5 借笔建模之嵌面

4-5-1 嵌面

嵌面命令用于多根相连线条或相交线条间的匹配，最终生成的形态为各线条

相互作用的结果。该建模思路适合于补面（图 4-27），也适合于无明显扫描路径与横截剖面的随机性曲面（图 4-28、图 4-29）。

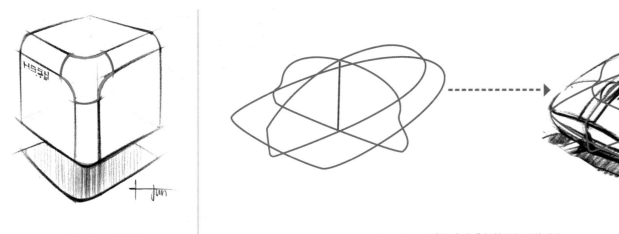

图 4-27　用嵌面方法进行补面

图 4-28　用嵌面方法进行的鼠标形体分析

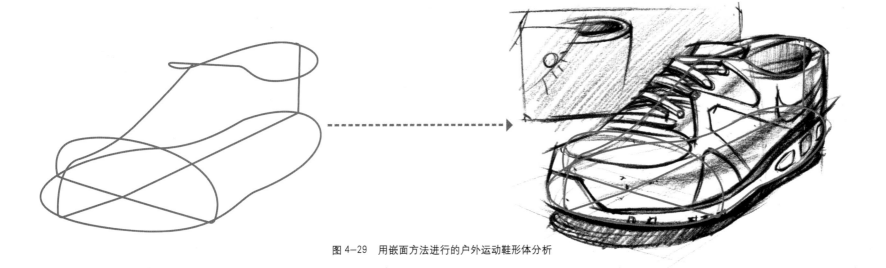

图 4-29　用嵌面方法进行的户外运动鞋形体分析

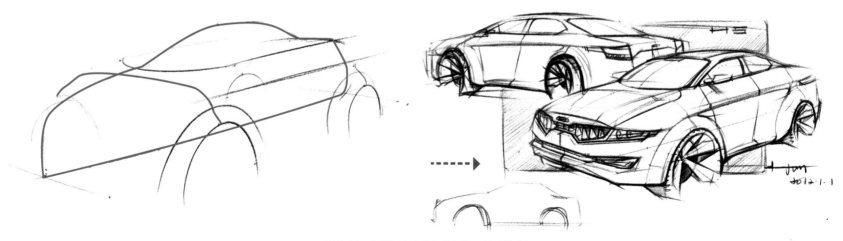

图 4-30　用嵌面方法进行的交通工具形体分析

4-5-2　嵌面案例赏析

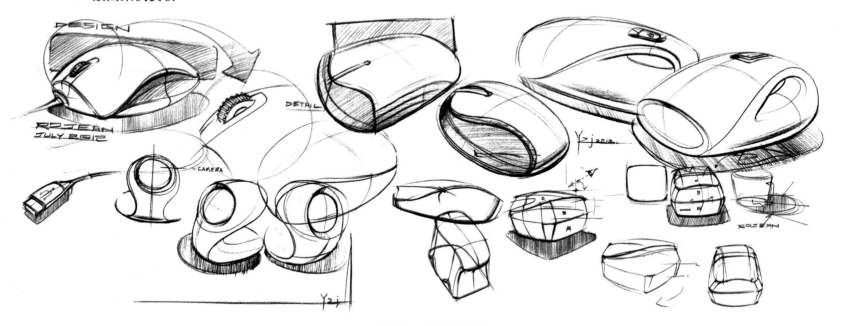

图 4-31　嵌面案例赏析 1

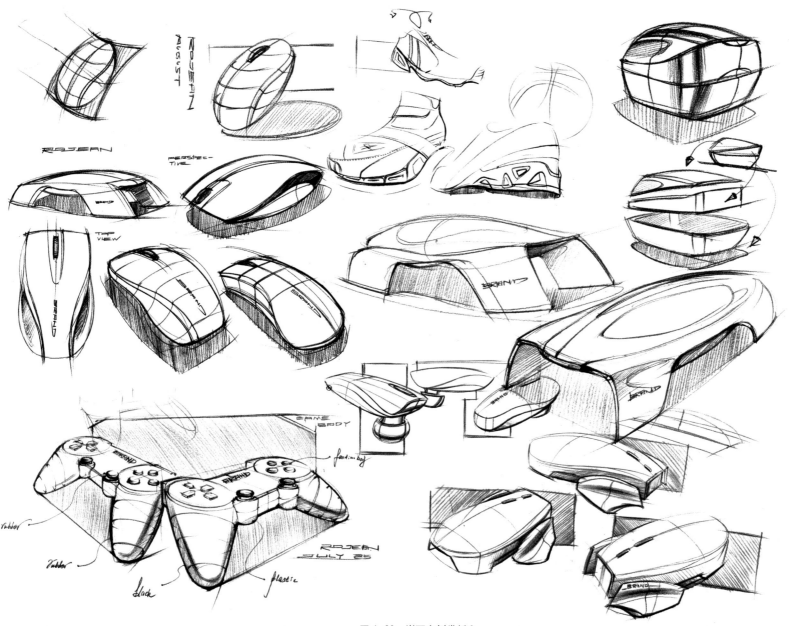

图 4-32　嵌面案例赏析 2

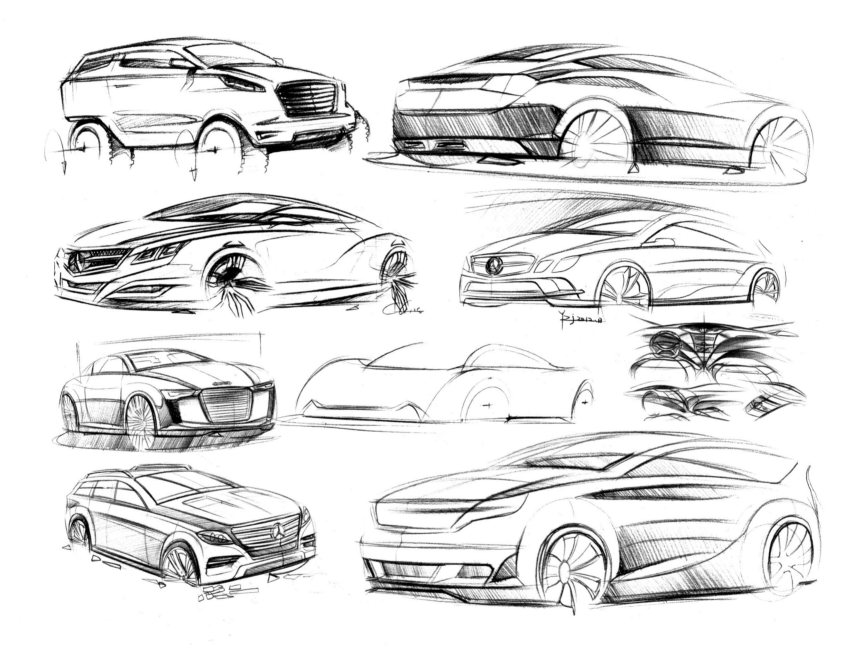

图 4-33 嵌面案例赏析 3

图 4-34　嵌面案例赏析 4

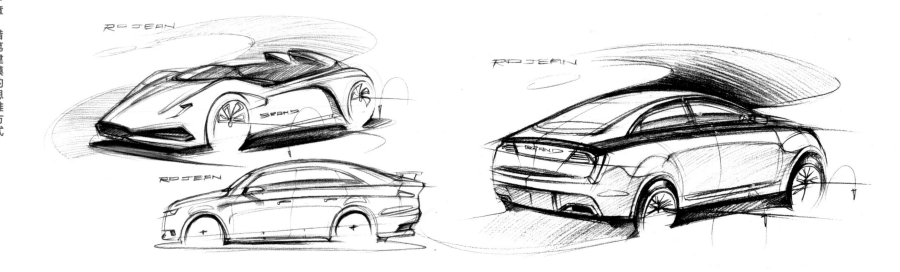

图4-35 嵌面案例赏析5

本章小结

借笔建模，既是一种思维方式，也是一种指导我们进行产品形体分析的方法。

在绘图过程中，我们会碰到许多复杂的实际问题。如同同一个形态可以用软件中多种命令建模一样，在"借笔建模"的过程中也会遇到同一形态适合多种方法的情况。我们应该迅速分析判断，并选择一种最简单的方式进行绘制。

同时，本章的某一种"建模方式"并不能"包打天下"，需要我们根据形体的特征迅速作出分析和判断，并对各种"建模方式"进行综合运用，以快速记录设计创新思维。

第 5 章 | 探寻形与色的奥秘

HUANGSHAN
HAND DRAWING
FACTORY

+ 始于 2006
+ 我们只关注工业产品设计

SINCE
2006

在前面的章节中，我们学习了线条、透视及"借笔建模"的思维方式等知识，这些知识能帮助我们有效地完成"形"的绘制。"形"是产品形态的骨架，而完善的设计创新思维表达不仅仅是形态，还需要我们借助光、环境对色彩、材质等"色"的因素进行详尽阐述。以计算机三维辅助设计做类比，在完成了"建模"工作后，我们还需要设定光源、环境、色彩和材质，才能完成产品的最终"渲染"。

从表现的步骤来看，设计手绘与计算机三维辅助设计软件同样是一个从无到有的设计思维记录过程，不同之处在于设计手绘少了一份依赖，其透视变化的控制、光源与环境的设定、色彩与材质的调节，都需要在我们的大脑里分析完成。我们要想熟练完成对"色"的表达，就需要通过分析光源、环境与色彩、材质之间的相互作用关系，来探索"形"与"色"的奥秘，并最终在我们大脑里构建起设计手绘的光照系统与材质库。

5-1　常用着色工具

工欲善其事，必先利其器。在探寻形与色的奥秘前，我们先来了解常用的着色工具及其使用方法。

5-1-1　马克笔

1. 马克笔介绍

马克笔是当前使用最广泛的设计手绘着色工具之一，以其快捷、速干、耐光等性能深受广大设计从业人员青睐。马克笔按溶剂不同可分为水性、油性、酒精三种类型，按笔头不同可分为单头、双头等类型。现阶段使用较多的是溶剂为油性或酒精的双头马克笔（图5-1），常见的品牌有 COPIC、KURECOLOR、SANFORD、STA、TOUCH、POTENTATE，初学者可先选择 STA、TOUCH、POTENTATE 等较经济的品牌进行练习。

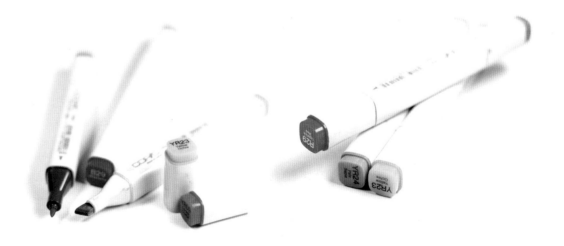

图 5-1　双头马克笔

2. 马克笔的颜色选择

马克笔颜色种类众多且各个品牌的颜色编号不一，在选择和使用颜色时需注意以下事项：

A. 灰色系列马克笔可全套购买，也可根据颜色编号间隔购买。以 COPIC 马克笔为例，冷灰系列的颜色编号根据明度变化由高到低的排列为 C1 至 C9，选择 C1、C3、C5、C7、C9 五种颜色可基本满足冷灰系列的使用需要，如图 5-2 所示；

B. 有色系列马克笔可先选择红、黄、蓝、绿等常用颜色，再根据常用颜色选择明度更高和明度更低的马克笔各一根，以保证同一色系有三种不同明度的颜色。以 COPIC 马克笔为例，如常用红色为 YR09，明度更高的色彩可选择 YR07，明度更低的色彩可选择 R29，如图 5-3 所示；

C. 将自己的马克笔做成色卡（图 5-4），以帮助我们能快速找到需要的色号，从而提高工作效率。

C1　C3　C5　C7　C9

图 5-2　灰色系马克笔选择方法

YR07　YR09　R29

图 5-3　有色系马克笔选择方法

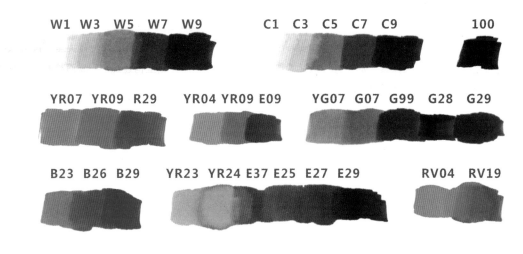

W1　W3　W5　W7　W9　　　C1　C3　C5　C7　C9　　　100

YR07　YR09　R29　　　YR04　YR09　E09　　　YG07　G07　G99　G28　G29

B23　B26　B29　　　YR23　YR24　E37　E25　E27　E29　　　RV04　RV19

图 5-4　马克笔色卡

3. 马克笔的使用技巧

A. 马克笔的特性：快捷、速干是马克笔得以广泛使用的重要原因，酒精与油性马克笔还具备相溶、叠加等特性。相互融合的特性可以使我们绘制出过渡融合的笔触（图 5-5）。叠加的特性则可以使同一只马克笔绘制出跨度较小的不同明度变化（图 5-6），这种叠加属性也是我们可以间隔色号购买马克笔的原因。需要注意的是，叠加的次数通常会控制在 3 次以内，超过 3 次后其明度也不会有太大的降低，而且容易损坏纸面。

图 5-5　马克笔的相溶性

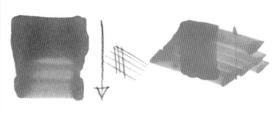

图 5-6　马克笔的叠加效果

B. 马克笔的运笔技巧：绘制时将笔头斜面与纸面保持平行，笔头接触起点后迅速运笔至终点收笔。若在起点与终点停留时间过长，容易因墨水向纸面渗透导致两端端点过大。在运笔中途速度过慢，则容易造成笔触的扭曲。同时，要注意笔头接触面与纸面的平行，避免出现笔触的断裂。

C. 马克笔的笔触：马克笔笔触的选择往往取决于光源与形体的属性，没有绝对的规律可以遵循。在日常训练中可多练习竖排笔触、横排笔触、衰减笔触与渐变线条，以锻炼控制马克笔的能力。

竖向笔触（图 5-8）：将笔由起点开始竖向绘制至终点，适合横狭长面的塑造和镜面倒影的绘制；

横排笔触（图 5-9）：将笔由起点开始横向绘制至终点，比竖排笔触容易控制，是使用率较高的笔触类型；

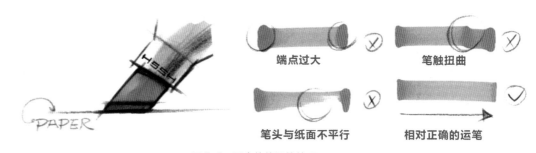

图 5-7 马克笔的运笔技巧

衰减笔触（图 5-10）：由起点开始绘制，并将笔头逐渐脱离纸面，以形成色彩逐渐消失的渐变效果，多用于表现形体表面的明暗渐变；

渐变线条（图 5-11）：用马克笔笔头底端的一角进行绘制，绘制方法与彩色铅笔类似，适合于绘制狭长的面及形体的明暗渐变过渡。

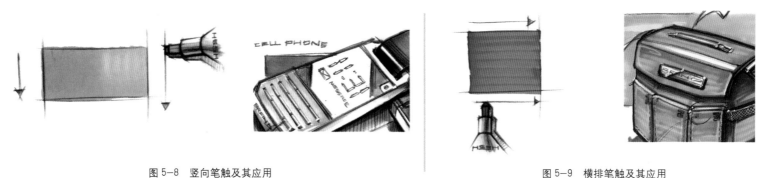

图 5-8 竖向笔触及其应用

图 5-9 横排笔触及其应用

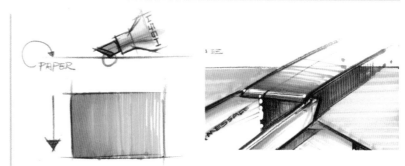

图 5-10 衰减笔触及其应用

图 5-11 渐变线条及其应用

5-1-2 色粉

1. 色粉介绍

马克笔适合大面积着色，色粉则多用于表现细腻的色彩过渡变化。在工业产品设计手绘图中，它与马克笔各自发挥着自己作用，成为着色工作的一组"黄金搭档"。常见的品牌有马利、樱花、雄狮，颜色种类有48色、36色、24色等不同类型。

2. 色粉的使用技巧

色粉自身颗粒相对较粗，常与婴儿爽身粉及化妆棉配合使用（图5-12），以绘制更为细腻的过渡变化。先用美工刀将色粉颗粒刮下，并将色粉颗粒与婴儿爽身粉搅拌均匀，再根据绘制的需要将化妆棉折叠成相应的形状进行擦拭。为避免色粉擦拭出界，还常常需要借助遮挡工具对擦拭范围进行界定。

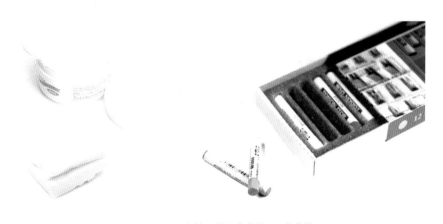

图5-12　色粉、婴儿爽身粉、a化妆棉

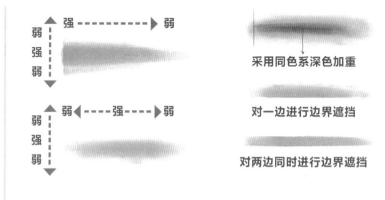

图5-13　色粉的不同擦拭效果

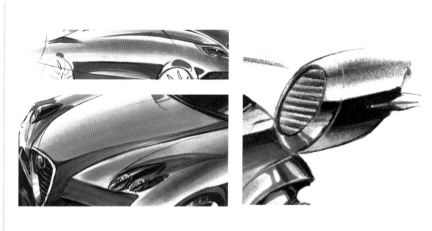

图5-14　运用色粉绘制的材质与形体

图5-15　色粉在工业产品设计手绘图中的应用

5-1-3　高光绘制工具

高光有留白与绘制两种方式，绘制高光工具有高光笔、白色彩色铅笔、白色水粉颜料。

1. 高光笔

高光笔的着色覆盖力较强，其构造原理与普通修正液类似，但比修正液画出的线条更为流畅。高光笔品牌众多，其中以日本樱花牌使用最为普遍。在无高光笔的情况下，也可以用修正液代替。

2. 白色彩色铅笔

白色彩色铅笔比高光笔绘制更为方便，但覆盖力较弱，多用于绘制高光线和受光面，绘制高光点的效果不佳。常见的品牌有辉柏嘉、中华、马利和 EAGLE COLOR 等。

3. 白色水粉颜料

白色水粉颜料的覆盖力很强，多用于绘制高光点。在绘制高光线时，需与槽尺、蛇形尺等尺规结合使用，以保证线条的流畅。

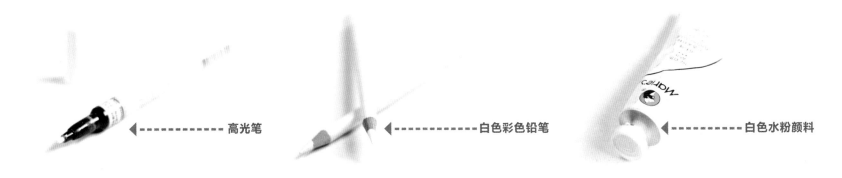

高光笔　白色彩色铅笔　白色水粉颜料

图 5-16　常用高光绘制工具

5-1-4　数位板与数位屏

数位板与数位屏是与计算机辅助设计软件结合使用的一种绘图工具，既可用于线稿绘制，也可用于着色，在工业设计与动漫设计领域使用广泛，常见的品牌有 WACOM、汉王、友基、绘王等。相对于传统的绘图工具，数位板与数位屏修改更为方便，而且可以结合计算机辅助设计软件进行特殊效果处理。

图 5-17　数位屏

5-2　构建工业产品设计手绘的光照系统

5-2-1　光与形的关系

光是我们能看到形体的先决条件，光作用到不同物体的表面，再将物体表面的不同变化反射到我们的眼球，使我们能感知丰富多彩的客观世界。

在光照条件不变的情况下，当物体的形态发生变化时明暗关系也发生变化，反之亦然，当物体的明暗发生变化时说明物体的形态也在发生变化，如图5-18所示。这种变化关系是塑造形体明暗变化的根据，我们需要认真总结这种变化规律，以用于形体的明暗塑造。

5-2-2　一点光源与平行光源

常用的光源类型有一点光源与平行光源两种。

一点光源的光由一点发出，被照射物体的投影呈发散状，其情形类似于室内环境中的白炽灯照明，如图5-19所示。

平行光源类似于太阳光的照射效果（图5-20），由于太阳离地球的距离太过遥远，其光线基本成平行状态，对物体投影的发散影响可忽略不计。运用平行光源绘制工业产品设计手绘图时，既无需考虑光源的具体位置，也无需计算投影的发散程度，是应用最多的光源类型。在后面的光照系统学习中，我们也将借助平行光源进行案例分析。

5-2-3　光照与明暗五大调的关系

在前文我们提到，形态发生变化时明暗关系随着发生变化，明暗关系发生变化也说明形态在发生变化。了解这种变化规律，是分析形态明暗关系的关键。在本小节及后续几个小节中，我们将阐述明暗五大调的形成原理，并通过对常用光照角度下形态明暗变化规律的分析，帮助读者构建起一个常用的工业产品设计手绘光照系统。

在素描的学习中，我们将绘画对象本身的明暗变化归纳为亮面、灰面、暗面、明暗交界线、反光五大明暗变化。出现这些变化的根本原因在于，绘画对象的各个部分与光照存在着不同的角度变化。

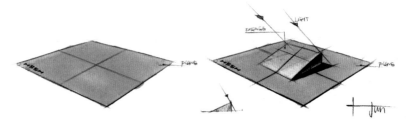

图 5-18　光与形的关系

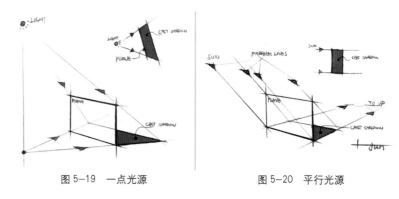

图 5-19　一点光源　　　　　图 5-20　平行光源

1. 亮面：出现在与光线90°垂直及接近垂直的区域，这一区域受光源影响最强，其明度也最高。

2. 灰面：出现在与光线成45°角及接近45°角的区域，通常呈现物体的固有色。固有色是指物体本身所呈现的固有的色彩，学习过油画、水粉或水彩的读者会有这样的经验：不管亮部与暗部的色彩变化有多么丰富，物体本身的色彩最终由灰面的色彩决定。认真分析其原因，在于与光源成45°角的区域，受光源与环境的影响均较弱，所以其色彩更接近物体的固有色。

3. 暗部：出现在光源直射不到的区域。暗部虽然受不到光源的直接照射，但也不是只有一种明暗程度，它并存着明暗交界、反光等变化。

4. 明暗交界线：出现在受光部与背光部交界的区域，从属于暗部，也是物体最暗的部分。在这一区域，物体受光源与环境的影响均降到最小，所以其明度也最低。

5. 反光：出现在暗面中受环境影响较大的区域，同明暗交界线一样从属于暗部。

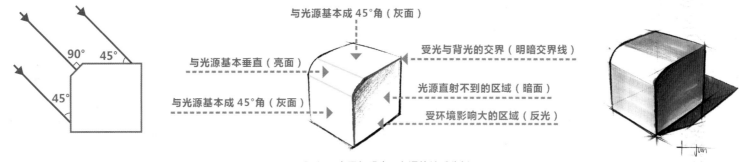

图 5-21 光照与明暗五大调的关系分析

5-2-4 60°光照下的形体着色分析

从上一小节中,我们可以得到这样的结论:形体的明暗程度取决于形体本身与光照形成的角度。与光照角度越接近 90°垂直的区域越亮,反之则越暗,光源直射不到的区域为暗面,在与光照角度越接近 45°的区域则越接近物体的固有色。

我们继续以立方体为例,分析各个面在 60°角平行光下的不同受光情况及明暗变化关系。如图 5-22 所示,立方体为两点透视 45°视角,我们设定的平行光源为由左至右的左上方 60°正侧面光照。在了解了光照方向后,我们可以得出以下分析结果:

1. 顶部面 A 受 60°角光照的照射(图 5-23),是受光最强的面。其角度介于 45°(固有色)与 90°(亮面)之间,所以明度也比固有色略高。

2. 右侧面 C 因受不到光源的直接照射,为立方体在该光照条件下的暗面(图

5-23)。明暗交界线区域为暗面最暗的部分,确定了该区域的颜色便能确定面 C 的整体色调。在无其他光源和环境因素干扰的情况下,精确的明暗交界线颜色计算方法为固有色至黑色的中间值。假定该立方体固有色为 CG3,则明暗交界线的颜色为 CG3 和黑色(CG10)的中间值,即 CG6.5。确定了明暗交界线的颜色后,再绘制出明暗交界线到反光的暗部整体明暗变化关系。

3. 左侧面 B 的受光程度计算相对较烦琐,存在两个方向上的变化。从顶视图看,面 B 与光成 45°角,如果光源从左侧正面照射过来,面 B 应该呈现固有色;而从前视图看,光源并非从左侧正面照射过来,而是与面 B 成 30°角。我们可以理解为,面 B 所受的光照是在 45°直射的基础上,再向上旋转至与面 B 成 30°角的位置,如图 5-24 所示。根据以上分析,其明度应比固有色低,呈现出比固有色与暗部颜色中间值略暗的色值。

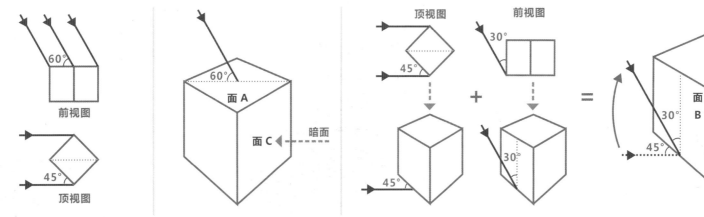

图 5-22 光源照射角度示意图　图 5-23 面 A 与面 C 的受光程度分析　　　图 5-24 面 B 的受光程度分析 1

我们还可以借助一个辅助切面来验证上文进行的分析。如图 5-25 所示，我们将立方体左侧一部分切除，新生成一个切面 D。在顶部面 A 与光源照射角度成 60° 的情况下，面 D 与光源照射角度成 30°，即面 D 会比固有色的明度略低。面 C 受不到光源的直接照射，为立方体的暗面。在分析了面 D 与面 C 的受光程度后，我们发现面 B 处于这两个面的 45° 转折位置。至此，我们不难得出，在没有其他光源和环境的影响下，面 B 的明暗程度为面 D 与面 C 的中间值，即呈现出比固有色与暗部颜色的中间值略暗的色值。

在分析了立方体的明暗变化关系后，我们来对立方体进行着色分析。现设定立方体的固有色为 CG3，在常规的环境与光照强度下，该立方体的色彩变化关系为：

1. 面 A 比固有色的明度略高，为 CG1.5 ~ CG2 之间的色值。

2. 面 C 为暗面，依据前文中介绍的明暗交界线色值计算方法，本案例中立方体明暗交界线区域的颜色约为 CG6.5。在确定了明暗交界线区域的颜色后，再由上至下、由左至右逐渐提高明度，以绘制出环境反光对暗面的影响。

3. 依据前文中我们对面 B 的分析，其色值比固有色与暗部颜色的中间值略暗，约为 CG5。

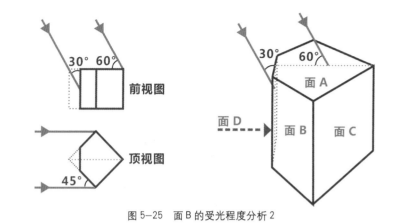

图 5-25　面 B 的受光程度分析 2

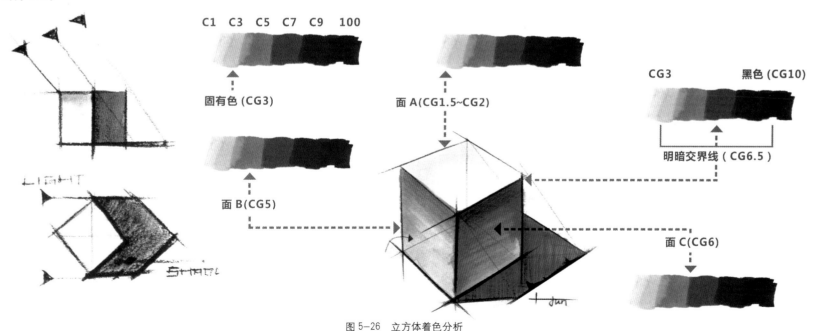

图 5-26　立方体着色分析

从立方体的明暗变化分析与着色分析可以看出,在60°正侧面光照的情况下,物体各个面的明暗变化跨度大,对比也较明显。所以,该光源也是工业产品设计手绘图中常用的光照类型。

在了解了60°正侧面光照后,尝试着沿着水平方向对光照角度进行旋转,思考一下立方体的明暗关系会发生什么变化(图5-27)。

5-2-5　45°光照下的形体着色分析

在分析了60°光照后,我们继续对45°光照下的形体进行着色分析,并在面A与面B之间生成倒角面D。如图5-28所示,倒角立方体依旧为两点透视45°视角,我们设定的平行光源为由左至右的左上角45°正侧面光照。在了解了光照方向后,我们可以得出以下分析结果:

1.顶部面A受45°角的光照(图5-29),呈现出立方体的固有色。

2.倒角面D为面A与面B的45°转折,更接近光源的90°垂直照射(图5-29),为立方体在该光照条件下受光最强的面,即亮面。

3.右侧面C因受不到光源的直接照射,为立方体在该光照条件下的暗面(图5-29)。

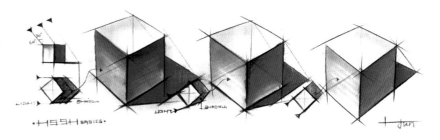

图5-27　光源水平旋转后的立方体明暗变化

4.面C同样存在两个方向上的变化。从顶视图看,面B与光照成45°角,如果光源从左侧正面照射过来,面B应该呈现固有色;而从前视图看,光源并非从左侧正面照射过来,而是与面B成45°角。我们可以理解为,面B所受的光照是在45°正面照射的基础上,再向上旋转至与面B成45°角的位置,如图5-30所示。根据以上分析,其明度比固有色低,为固有色与暗部颜色的中间值。

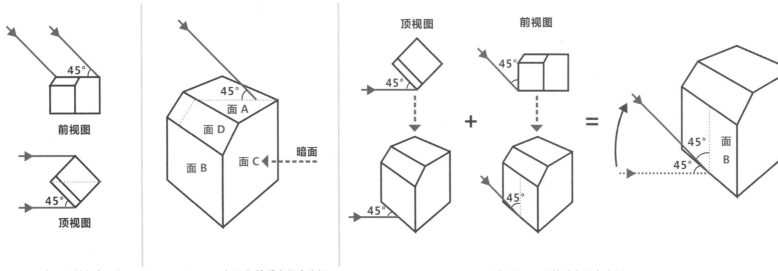

图5-28　光源照射角度示意图　　图5-29　面A与面D的受光程度分析　　　　　　　图5-30　面B的受光程度分析

我们继续来对倒角立方体进行着色分析。现设定立方体的固有色为CG2，在常规的环境与光照强度下，该倒角立方体的色彩变化关系为：

1. 面 A 呈现固有色，即其色值为 CG2。

2. 面 D 的颜色比固有色亮，其色值约为 CG1。

3. 面 C 为暗面，依据前文中介绍的明暗交界线色值计算方法，本案例中倒角立方体明暗交界线区域的颜色约为 CG6，暗面的平均色值约为 CG5.5。

4. 面 B 的颜色为固有色与暗部颜色的中间值，约为 CG4。

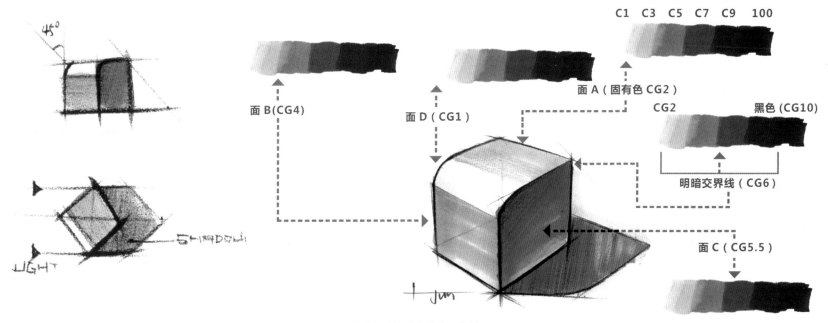

图 5-31　倒角立方体着色分析

在了解了 45°正侧面光照后，我们再尝试着将光源角度进行上下旋转，思考一下倒角立方体的明暗关系会发生什么变化（图 5-32）。

需要注意的是，本案例及上一案例分析的均为立方体各个面的基本色值。受同一角度光源照射的面，并非只存在一种简单的颜色，因视距、环境等因素的不同，还会呈现出细微的变化，在绘制工业产品设计手绘图的时候，我们需要认真分析这种变化关系，以绘制出更真实的三维虚拟空间。

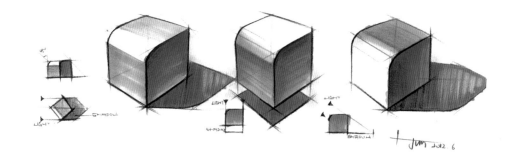

图 5-32　光源上下旋转后的倒角立方体明暗变化

5-2-6 投影的计算与着色分析

投影所交代的是物体和环境的空间关系及光照的方向与角度。在工业产品设计手绘图中，光源并非需要严格按照真实的效果进行绘制，其处理技巧在后续章节中会进行剖析，但了解清楚投影的形成原理能帮助我们进行更科学的分析。

1. 投影的计算

如图 5-33 所示，我们需要绘制一个立方体的投影，该立方体放置于桌面，受从左至右的左上方 45° 正侧面光照。首先，我们需要分析立方体中受光部与背光部的分界线并找出关键点的位置，再根据光照的方向和角度计算出关键点在桌面的投影位置，最后将各个投影点相连。

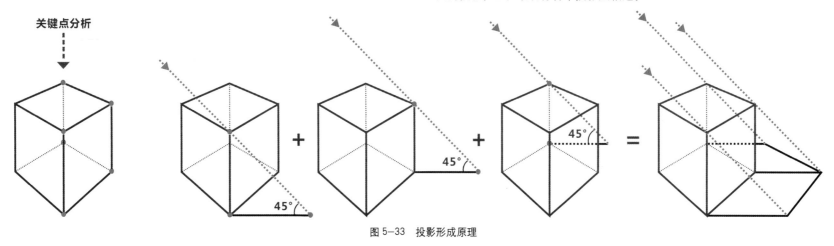

图 5-33 投影形成原理

通过图 5-33 了解了投影的形成原理后，我们可以尝试分析不同形体在不同环境和光照下的投影。

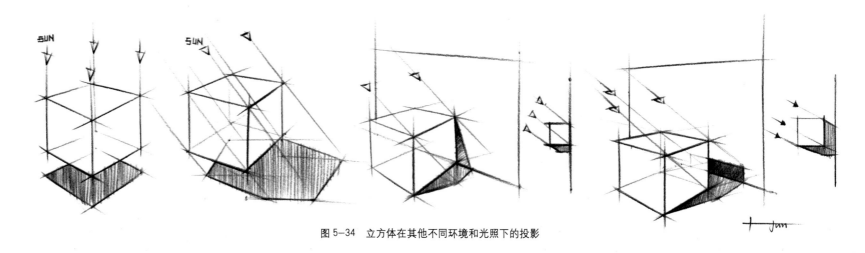

图 5-34 立方体在其他不同环境和光照下的投影

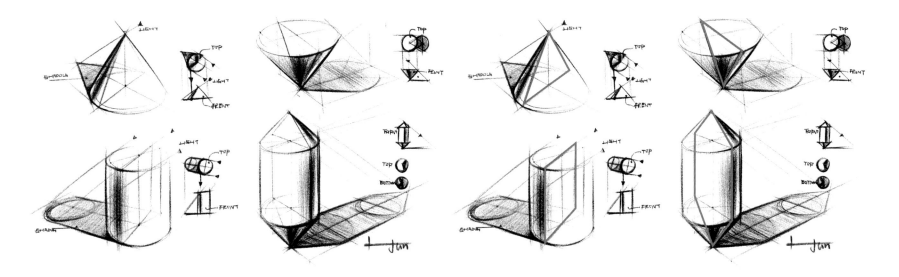

图 5-35　圆柱体与圆锥体的投影计算

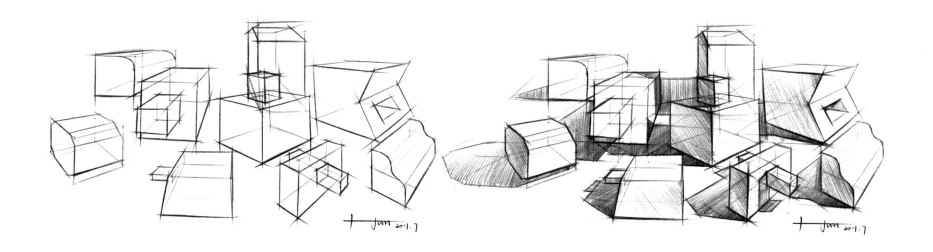

图 5-36　不同形体的相互投影计算

2．投影的着色分析

在没有其他光源及环境因素的干扰下，投影部分的基本色值为投影所在面颜色至黑色的中间值。以图 5-37 为例，假定桌面颜色为白色（CG0），则投影部分颜色为白色（CG0）至黑色（CG10）的中间值，即 CG5。

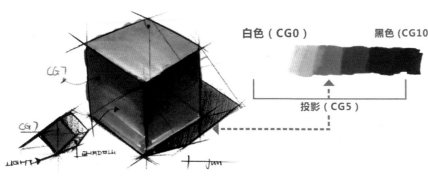

图 5-37　投影的着色分析

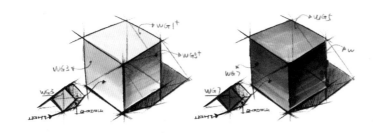

图 5-38　不同固有色的同一形态在相同光照下的差别

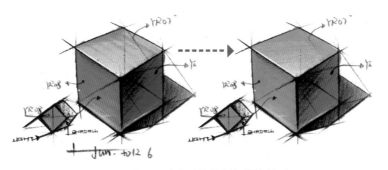

图 5-39　有色系的明暗关系检测方法

5-3　构建工业产品设计手绘的材质库

物体最终呈现出来的明暗与色彩变化，除受光照的影响外，还受自身材质及周边环境的影响。如同样的光源照射在相同形态的两个物体上，其中一个固有色为 WG3，另一个为 WG7，两个物体呈现出来的明暗与色彩变化必然存在不同（图 5-38）。即便是固有色也完全一样，若其表面光滑程度不一样，明暗和色彩变化也存在着差别。所以，要想熟练地绘制出不同光照下各种形体的明暗与色彩变化，除构建起一个工业产品设计手绘光照系统外，还需建立一个材质库。如同 Keyshot 等渲染软件一样，在需要各种材质时可以随时调出，并根据实际需要对材质属性进行调节。

材质可以理解为材料与质感的统称，包括色彩、纹理、光滑度、透明度、反射率、折射率等可视与可触的属性。工业产品设计中所面对的材质种类繁多，总结每种材质的属性似乎是一个浩大的工程；但我们透过看似凌乱无章的表象去认真分析，常用的材质可以从基本明暗变化、光滑度变化、透明度变化与纹理变化四个方面进行概况与总结。也就是说，我们在了解并掌握了材质的上述四种属性与光照、环境的关系后，便能如渲染软件一样调节出想要的常用材质。

5-3-1　基本材质与光、环境的关系

本节的分析都是基于表面相对粗糙的基本材质进行的，如石膏体、橡胶等漫反射材质。

1．基本材质的属性分析与绘制

无色系基本材质（如冷灰 CG、暖灰 WG）的明暗变化规律在不同光照角度的立方体着色分析中已进行过讲解，不再重复阐述。

有色系基本材质（如红、黄、蓝、橙、绿、紫）的明暗变化分析相对无色系要难，其原因在于，有色系同时存在着色相与明度两种属性的变化。如图 5-39 中红色立方体的绘制，既要考虑物体的固有色属性，又要绘制出符合明暗变化规律的红色明度变化。要检测有色系的明暗关系绘制是否正确，我们可以将其想象成为黑白照片，类似于 Photoshop 软件中的"去色"命令。因为不管色彩呈现何种相貌，将其"去色"变成灰色后，其明暗变化关系同无色系都是一样的。

基本材质受环境影响较小，也无需考虑光滑度、透明度及纹理的变化。绘制时，运用前面章节的知识认真分析光照、形体及固有色等先决条件，再绘制出正确的明暗与色彩变化关系即可。针对基本材质进行明度与色彩变化规律分析，是构建完整工业产品设计手绘材质库的基础，光滑度、透明度及纹理等其他属性都可以通过对基本材质进行调节而得出。

在学习基本材质的明暗与色彩变化规律时，可在光照与形体相同的前提下，通过不断改变固有色来进行。这种方法能帮助我们在相互参照的基础上，更系统地掌握该类材质的变化规律。

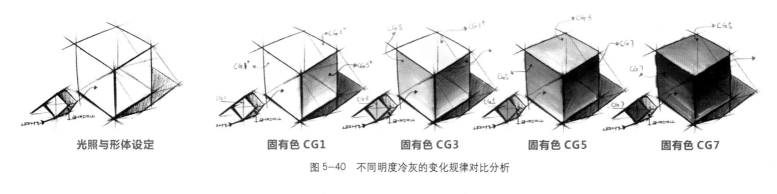

图 5-40　不同明度冷灰的变化规律对比分析

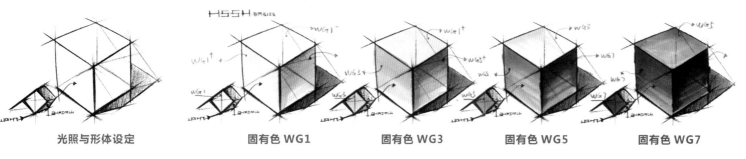

图 5-41　不同明度暖灰的变化规律对比分析

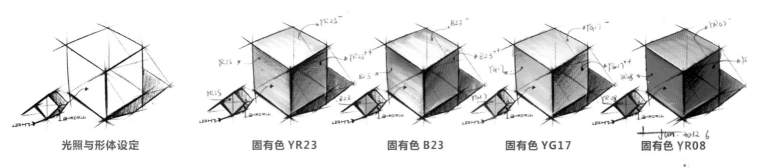

图 5-42　不同有色系的变化规律对比分析

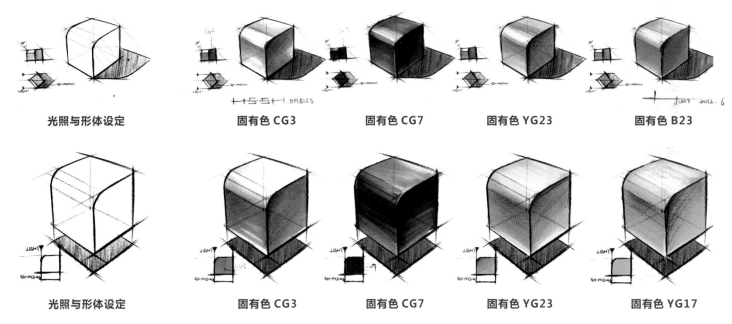

光照与形体设定　　固有色 CG3　　固有色 CG7　　固有色 YG23　　固有色 B23

光照与形体设定　　固有色 CG3　　固有色 CG7　　固有色 YG23　　固有色 YG17

图 5-43　无色系与有色系的变化规律对比分析

2. 有色系基本材质的着色技巧

　　绘制有色系色彩时，常常会碰到马克笔色彩种类不够的情况。其原因在于，有色系颜色种类繁多，我们很难将每种颜色的所有明度都购买齐全，且马克笔生产商本身也无法提供这么多的颜色种类，如 TOUCH 三代马克笔提供的全部颜色种类为 168 种。我们要解决这一问题，就需要借助马克笔本身的特性及其他着色工具。

　　在马克笔使用技巧一节中，我们介绍了马克笔的叠加特性。在正常运笔的情况下，对同一色号的马克笔进行叠加后，其明度会有一定程度的降低。同时，当我们用较轻的力去运笔时，绘制的色彩比正常运笔的明度要略低。也就是说，同一支马克笔我们大致可以绘制出 3 种不同明度的颜色。

　　在这 3 种不同明度的颜色仍不能满足明暗变化需要的情况下，我们可以再借助白色彩铅与黑色彩铅进一步拉开颜色的明暗对比。

较轻运笔加白色彩铅

正常运笔加黑色彩铅

马克笔叠加后再加黑色彩铅

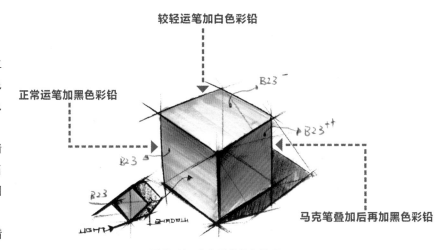

图 5-44　有色系的着色技巧

3. 基本材质变化规律的应用

基本材质所呈现的是正常的明暗与色彩变化关系，其绘制方法适合于橡胶、布艺、不光滑塑料等漫反射材质。

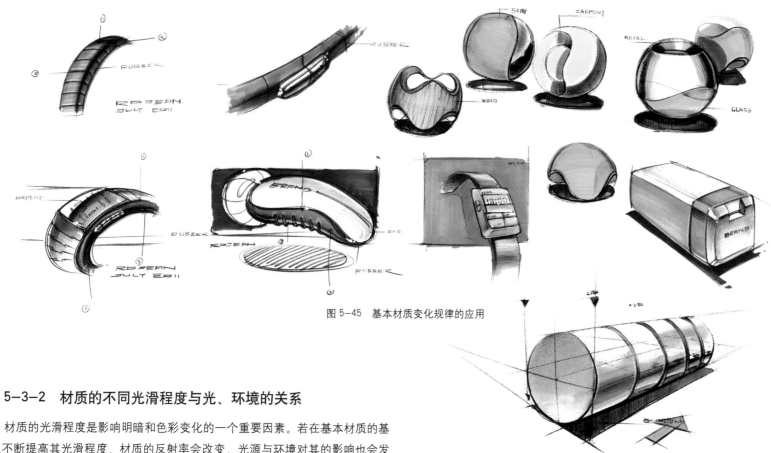

图 5-45 基本材质变化规律的应用

5-3-2 材质的不同光滑程度与光、环境的关系

材质的光滑程度是影响明暗和色彩变化的一个重要因素。若在基本材质的基础上不断提高其光滑程度，材质的反射率会改变，光源与环境对其的影响也会发生变化。了解了这种变化规律后，我们便能根据需要调节出由不光滑到极度光滑的不同材质。

图 5-46 不断提高光滑程度后的材质变化

1. 不同光滑程度材质的属性分析与绘制

在由不光滑（漫反射）到极度光滑（如镜面反射）的变化过程中，材质与光照、环境的关系会发生以下变化：

A. 高光会越来越聚集，并形成明显的高光点或高光带；

B. 反光的强度会越来越大；

C. 对环境的反射程度越来越高，在极度光滑的情况下，几乎完全反射环境的色彩；

D. 明暗对比程度不断增大。

了解了上述变化规律后,我们继续通过具体案例来对其变化的规律进行分析。先假定由漫反射到镜面反射的光滑度值为 0 ~ 100,再分析不同光滑级别受光照、环境影响的差别,我们便能掌握材质从不光滑到极度光滑的变化规律。

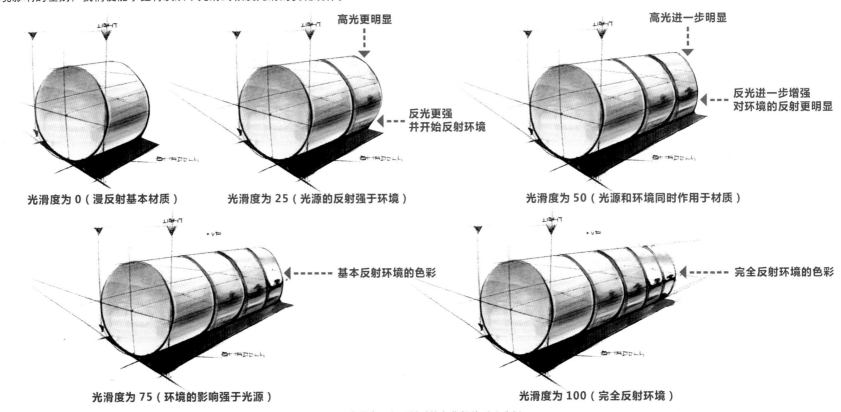

图 5-47　不同光滑度无色系材质的变化规律对比分析

在掌握了材质由不光滑到极度光滑的变化规律后,我们可以尝试进行其他不同形体与色彩的分析,如图 5-48、图 5-49 所示。

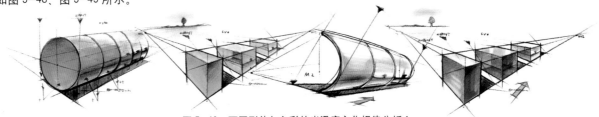

图 5-48　不同形体与色彩的光滑度变化规律分析 1

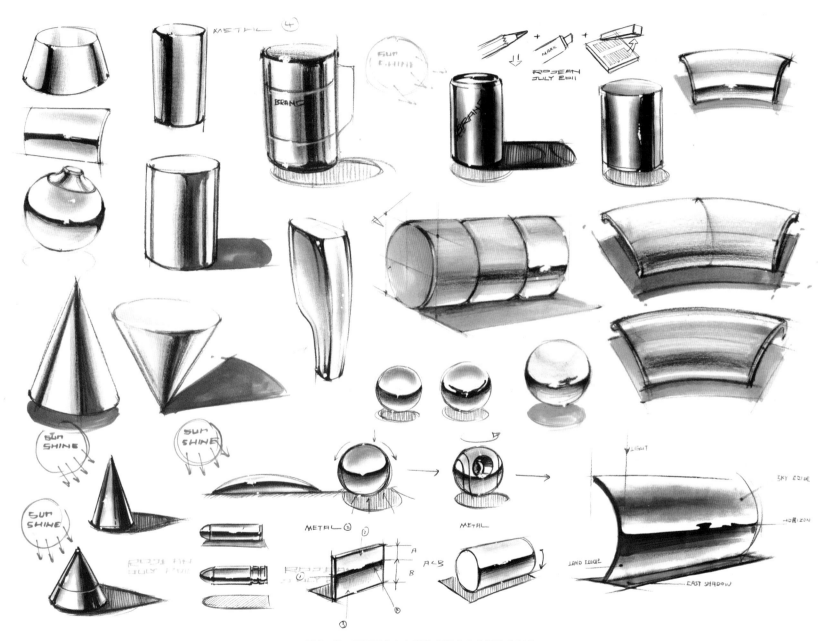

图 5-49　不同形体与色彩的光滑度变化规律分析 2

2. 环境反射的表现技巧

在前文中我们讲到，材质越光滑反射环境的程度越高。然而，人类所面对的环境各式各样，如人造环境、自然环境、室内环境、室外环境等，我们无法去把各种环境对材质的影响都分析一遍。这就需要我们模拟一个能让他人都能解读且认同的环境，用来表现环境对材质的影响，其情形类似于渲染软件中的环境贴图设定。

因自然条件、文化传统、宗教信仰、生活方式等因素的不同，世界各地的人造环境不尽相同。通常情况下，我们会模拟蓝天、地平线、黄土地的自然环境用于极度光滑材质的表现。因为即使人造环境有天壤之别，这一自然环境基本都能得到人类的普遍认同。

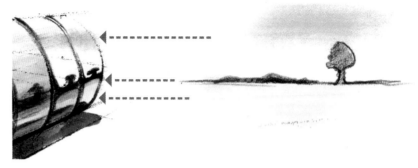

图 5-50 环境反射的表现技巧

3. 材质不同光滑度变化规律的应用

A. 光滑程度较低的材质对光源与环境的反射都较弱，如弱反射塑料。

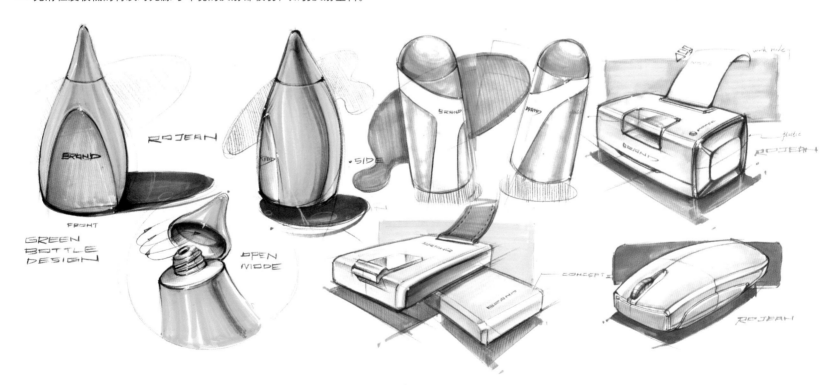

图 5-51 光滑程度较低的材质的应用

B. 光滑程度大致处于漫反射与镜面反射中间值时，光源与环境同时作用于材质，高光进一步聚集，环境反射进一步增强，如强反射硬塑料、抛光皮革。

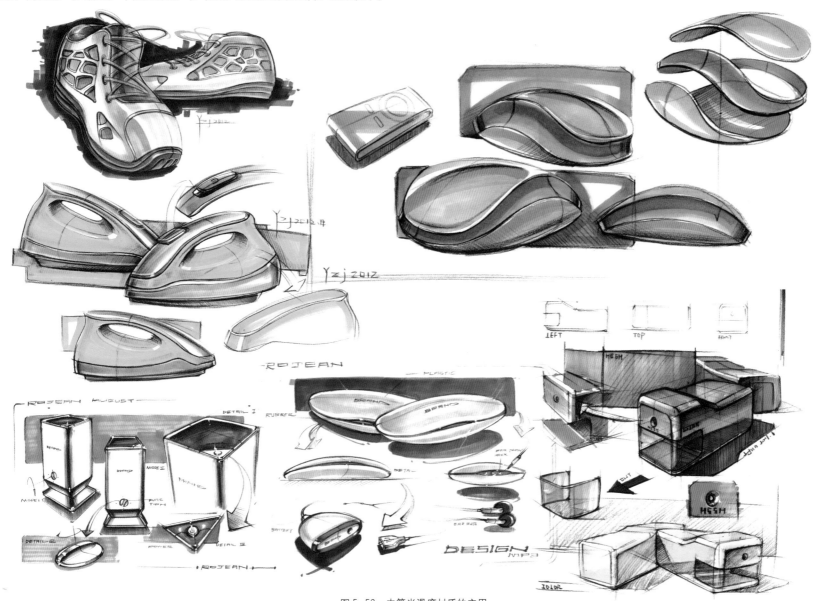

图 5-52　中等光滑度材质的应用

C. 光滑程度超过漫反射与镜面反射的中间值后，环境对材质的影响进一步增大，直至完全反射环境颜色。这类强反射的材质在工业产品设计中应用广泛，如汽车漆、镀铬、不锈钢等。

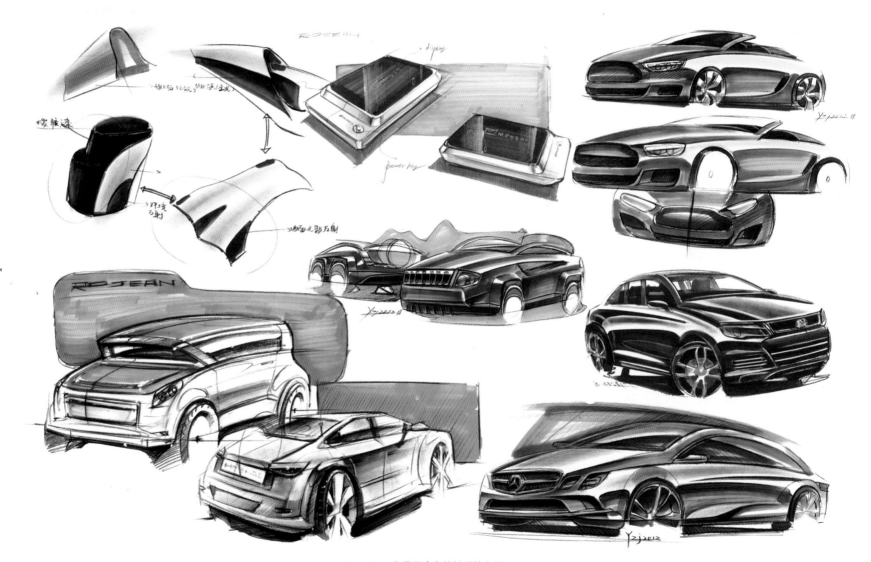

图 5-53　光滑程度高的材质的应用

5-3-3 材质的不同透明程度与光、环境的关系

材质的透明程度是影响明暗和色彩变化的另一个重要因素。若在基本材质的基础上不断提高其透明程度，材质的折射率会改变，光源与环境对其的影响也会发生变化。了解了这种变化规律后，我们便能根据需要调节出由不透明到完全透明的不同材质。

1. 不同透明程度材质的属性分析与绘制

在由不透明到完全透明的变化过程中，材质与光、环境的关系会发生以下变化：

A. 光会逐渐穿过材质所附着的形体，在这一过程中，因光线在形体内部折射，其表面的明暗对比度会逐渐减低，直至光线穿透形体后变成完全透明。

B. 在由不透明到透明的过程中，形体背后的物体（包括形体本身的背部结构）反射出来的光线也要逐渐穿过形体，使得我们能逐渐看清形体背后的物体。

我们继续通过案例来对上述变化规律进行分析，假定由不透明到完全透明的透明度值为 0 ～ 100，再分析不同透明度受光照、环境影响的差别，我们便能掌握材质从不透明到完全透明的变化规律。

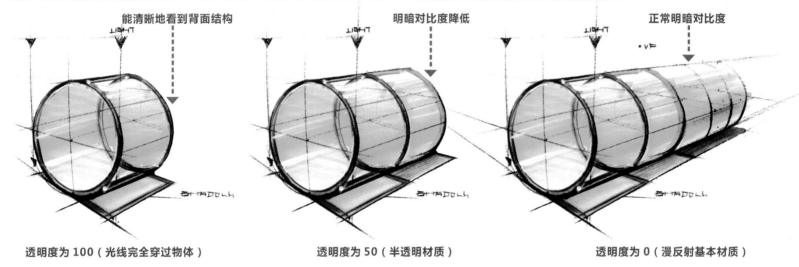

透明度为 100（光线完全穿过物体）　　透明度为 50（半透明材质）　　透明度为 0（漫反射基本材质）

图 5-54　不同透明程度材质的变化规律对比分析

在掌握了材质由不透明到完全透明的变化规律后，我们可以尝试进行其他不同形体的分析，如图 5-55 所示。

图 5-55　不同形体的材质透明度变化规律分析

2. 材质不同透明程度变化规律的应用

掌握了本节知识后，我们便能从容面对工业产品设计中各种不同透明度的材质，如玻璃、磨砂玻璃、半透明塑料等。

图 5-56　材质不透明程度变化规律的应用

5-3-4　不同纹理材质与光、环境的关系

纹理，在本小节中可理解为纹路和肌理的统称。在工业产品设计中，我们还经常会遇到一些特殊的材质，如木纹、皮革、凹凸肌理等。这类材质实质是在前三种材质的基础上进行的纹理变化，其情形类似于渲染软件中对材质进行的纹理贴图。

1. 常用纹理材质的属性分析与绘制

A. 纹理是依附于一定的颜色、光滑度和透明度的基础上的。在绘制纹理材质时，应先抛开纹理的干扰，分析并绘制材质本身的明暗变化关系、光滑度、透视度等基本属性。

B. 在基本属性的基础上，再根据材质本身的纹理特征绘制纹理。如在木色基本材质基础上添加木纹纹路，其材质便变成了亚光木纹材质，若提高其光滑度，则变成了清漆木纹材质（图 5-57）。在绘制一些复杂凹凸肌理（如音箱网孔、尼龙织带）时，还需使用相应的肌理板衬于纸张背面，再借助彩色铅笔进行绘制。在日常生活中，我们也要注意对不同肌理的材料进行收集，以备不时之需。

在了解了该类材质的属性与绘制技巧后，我们便能对不同类型的纹理材质进行正确的分析和绘制。

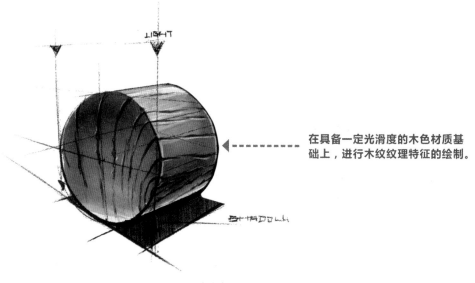

在具备一定光滑度的木色材质基础上，进行木纹纹理特征的绘制。

图 5-57　清漆木纹材质的绘制

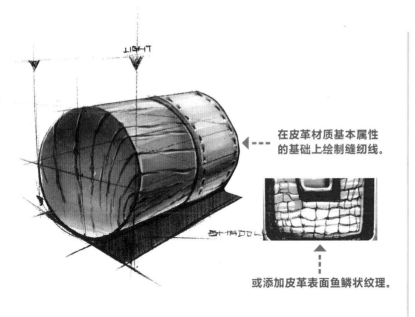

在皮革材质基本属性
的基础上绘制缝纫线。

或添加皮革表面鱼鳞状纹理。

图 5-58 皮革材质的绘制

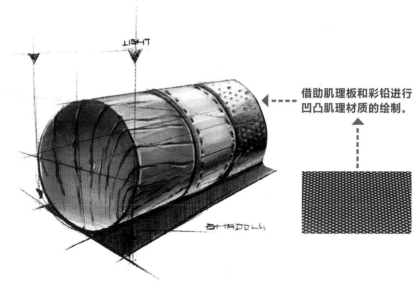

借助肌理板和彩铅进行
凹凸肌理材质的绘制。

图 5-59 凹凸肌理材质的绘制

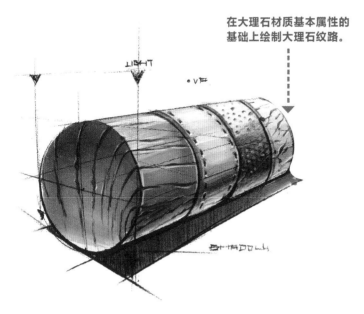

在大理石材质基本属性的
基础上绘制大理石纹路。

图 5-60 大理石材质的绘制

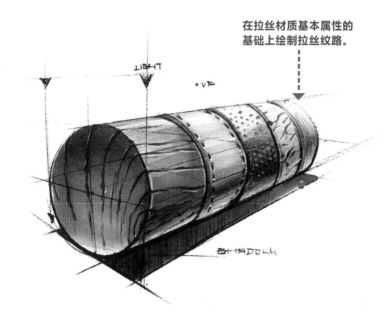

在拉丝材质基本属性的
基础上绘制拉丝纹路。

图 5-61 拉丝材质的绘制

我们继续来尝试其他不同形态的常用纹理材质绘制，以巩固本节知识。

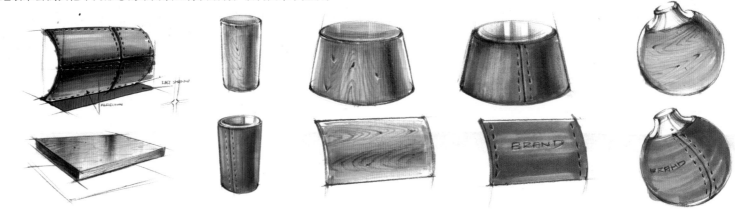

图 5-62 不同形态的常用纹理材质绘制

2. 常用纹理材质的应用

学习了本节知识后，我们会发现纹理材质的绘制并没有那么难。从眼花缭乱的纹理背后认真分析材质的基本属性，并在日常生活中留心各种纹理材质的纹路与肌理特征，便能从容面对工业产品设计中各种常用的纹理材质。

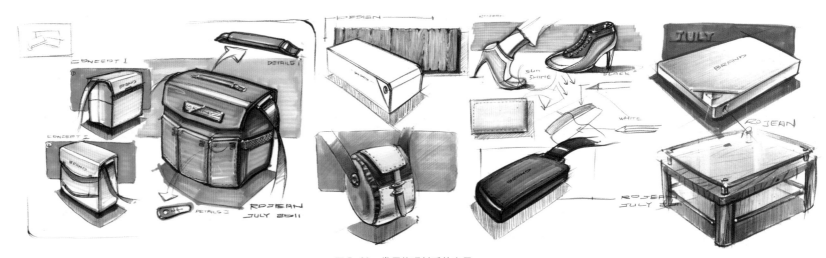

图 5-63 常用纹理材质的应用

本章小结

在本章中，我们了解了常用着色工具，并通过光学原理与材质的物理属性分析了形与色的关系，这些知识是我们进行着色工作的基础。然而，在工业产品设计手绘图的绘制中，我们也不能一味照搬物理现象，还需要在科学与艺术之间寻找一个平衡，从而使设计创新思维表达在基本符合科学规律的基础上，更具有艺术感染力。

第 6 章 | 版式处理技巧与绘图心态

HUANGSHAN
HAND DRAWING
FACTORY

+ 始于 2006
+ 我们只关注工业产品设计

SINCE
2006

了解常用的版式处理技巧，能帮助我们更清晰地阐述产品信息；掌握正确的绘图心态，则能帮助我们更轻松地面对绘图工作中的各种复杂问题。在综合运用本书知识进行具体实例分析前，我们先了解绘图实战中的版式处理技巧及正确的绘图心态，以保障后续学习的有序进行。

6-1 版面布局

在第一章中，我们分析了诠释性画法的特点。相比其他的技法类型，诠释性画法更注重设计创新思维的记录与全面解说，并通过多视角透视图、爆炸图、局部放大图、剖面线、文字、使用场景等手段对设计创新思维进行全面表达。

在如此多的信息需要表达的情况下，如何有条理地阐述产品信息，并让"观众"有层次地解读，成为了工业产品设计手绘图排版中需要考虑的重点。然而，在实际设计工作中，我们面对的产品类型众多，且形态、材质、功能千差万别，

很难用一个统一的标准版式来适用于所有的产品。这就需要我们认真梳理设计思路，明确设计信息的主次关系，并进行合理地布局。虽然看似无章可循，但在版面布局中，我们还是可以大致遵循以下规律：

1. 选择最具有视觉感染力或最能说明产品特点的角度作为版面中的主图，以让"观众"先对产品的信息有一个整体的了解。

2. 在一个角度无法详尽说明产品整体信息的情况下，可以绘制多个视角作为主图，但要处理好各个视角的主次关系。如可将最主要的视角在前方或上方，辅助视角则置于下方或后方。这样的处理方式，既能让产品信息有主有次，又能使版面布局更为灵动。

3. 在主图确定好的基础上，根据产品的特点，对需要补充说明的其他内容进行分类表达，如操作方式、设计细节、使用状态、结构等，以让"观众"进一步了解产品的详细信息。

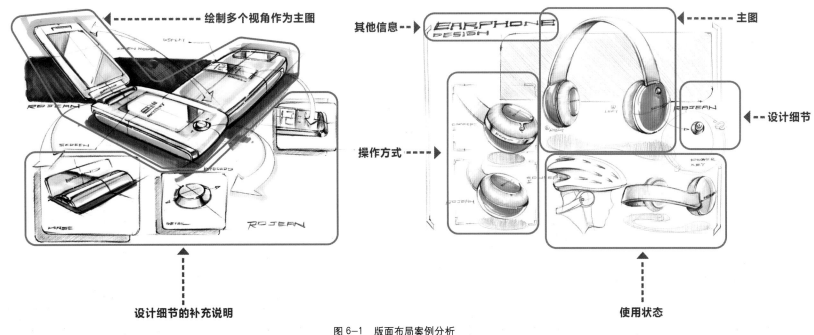

图 6-1　版面布局案例分析

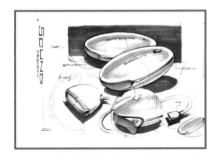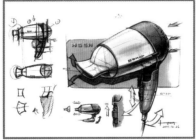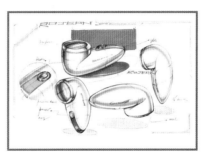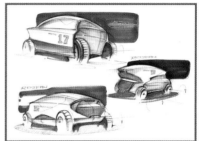
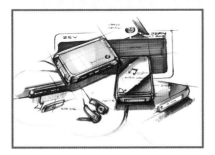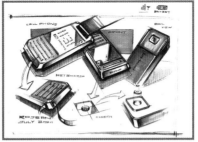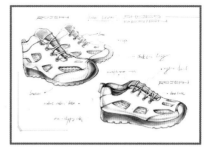
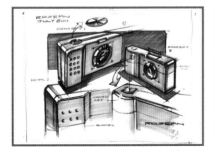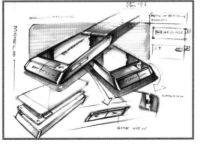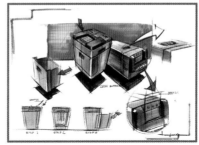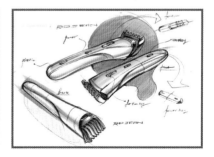
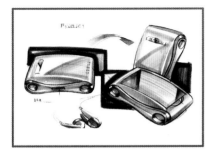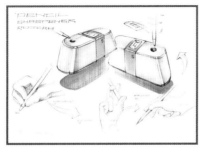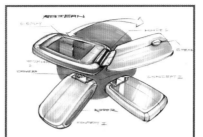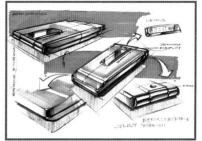

图6-2 版面布局案例欣赏

6-2 指示箭头的应用

指示箭头是诠释性画法中常用的表达手段，常用来表达视角旋转、设计细节放大、功能解说等内容。图6-3为常用的指示箭头，更多的指示形式需要我们根据要表达的产品信息进行灵活运用。

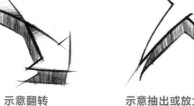

示意翻转　　　　示意抽出或放大　　　示意抽出或置入　　示意上下推动或拉伸　　示意上下折叠或旋转　　示意左右旋转

图6-3　常用的指示箭头

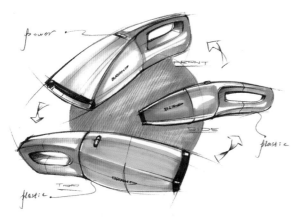

示意视角的旋转

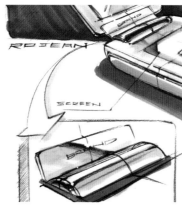

示意设计细节的放大

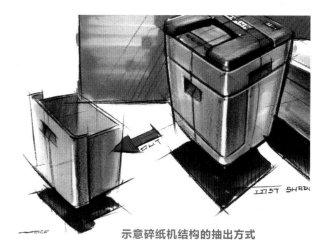

示意碎纸机结构的抽出方式

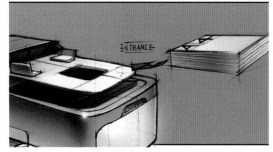

示意打印机的纸张放置方式

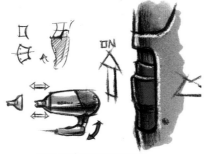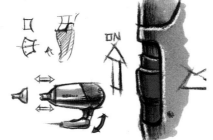

示意电吹风的操作方式

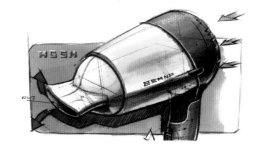

示意电吹风的功能

图6-4　指示箭头的应用

6-3 背景与投影的处理技巧

背景和投影是衬托产品的重要手段，背景所塑造的是产品与环境的前后空间关系，投影则多用来表达产品与环境的上下空间关系。在第五章中，我们对环境的设定、投影的绘制进行了理性的分析。在实际绘图过程中，我们并非完全按照理性思维进行背景与投影的绘制，应以最大程度凸显产品、拉开空间层次为处理准则，如图 6-5 所示。

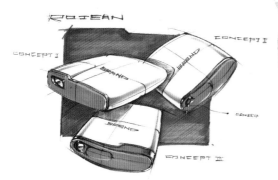 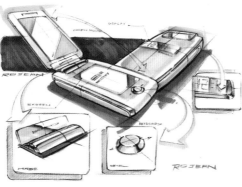 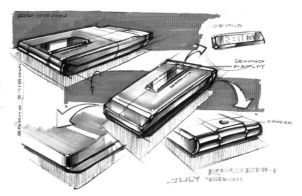

采用明度低的灰色作为背景，以凸显固有色明度高的产品。

采用明度与色相对比均较大的色彩作为背景色，以凸显产品。

采用较鲜艳的色彩作为背景，既拉开了空间层次，也使得图面更丰富、更具艺术感染力。

图 6-5 背景的处理技巧

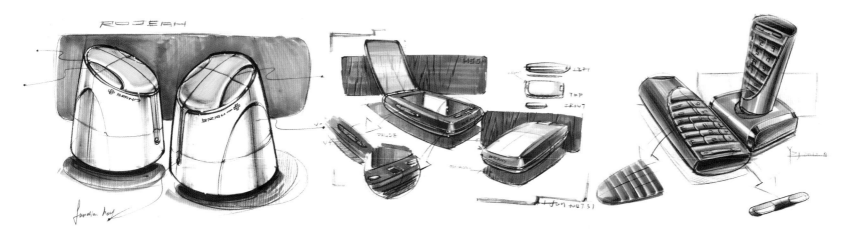

采用明度低的灰色作为投影，以凸显固有色明度高的产品。

采用冷灰作为投影色，以凸显整体色彩偏暖的产品。

不对投影进行着色，直接借助线稿凸显固有色明度低的产品。

图 6-6 投影的处理技巧

6-4　正确的绘图心态

对于初学者，在绘图时经常会出现畏首畏尾、顾此失彼的情况。如在第一笔画错了的情况下，就对整个绘图过程都失去了信心；或者在面对较复杂的产品时，因需要考虑的各种关系较多，在掌控能力不足的情况下最终敷衍了事。工业产品设计手绘图的绘制，实质是通过纸面将我们的设计创新思维进行有条理地展示的过程，需要我们扎实地交代好每一个需要交代清楚的设计信息，而在信心缺失或者思维混乱的情况下，纸面上所表达的信息自然也是凌乱不堪。究其原因，一方面是因为绘图经验不足，另一方面则是绘图的心态存在问题。经验可以通过加强练习去弥补，绘图心态则需要我们进行不断的自省与调整。

通过前面章节知识的学习，我们对工业产品设计手绘的〝道〞与〝术〞已有了一个较全面的了解。在实际绘图中，我们也应思考〝道〞与〝术〞的关系，以帮助我们整理思路，从而保障设计创新思维的表达有序进行。

1. 在进行绘图前，我们应对绘图目标进行大致的设定，如主图表现角度的选择、辅助说明信息的归类、视觉流程的设定等，即明确该张手绘图的〝道〞。只有在绘图目标明确的基础上，我们才不会畏首畏尾地在意某一笔的错误。因为相对成百上千的线条或马克笔笔触，某一笔的错误对于整体目标达成的影响微乎其微。

2. 在具体绘图过程中，我们应在明确整体目标的基础上，运用〝术〞的知识认真分析下一步需要完成的工作，并在分析正确的基础上抛开其他因素的干扰进行自信地表达。如需要绘制某一根发生透视变形的线（变线），我们需要做的是运用透视知识分析清楚该线的形态、位置及轻重程度，再借助线条控制能力表达出来。在形态、位置、轻重程度分析正确的基础上，该线的绘制与图面中其他线条及后面需要绘制的线条无关，我们要完成的只是正确地表达当前的分析结果。通俗来讲就是每一步只完成一项工作，在每一步工作都正确后，设计创新思维的表达自然也准确了。无谓的思考越多，则越容易影响当前需要完成的工作，而当前工作错误了，我们再多的思考也没有任何意义。同时，也只有这样的绘图心态才能让我们轻松地面对各种复杂的产品，并进行自信地表达。

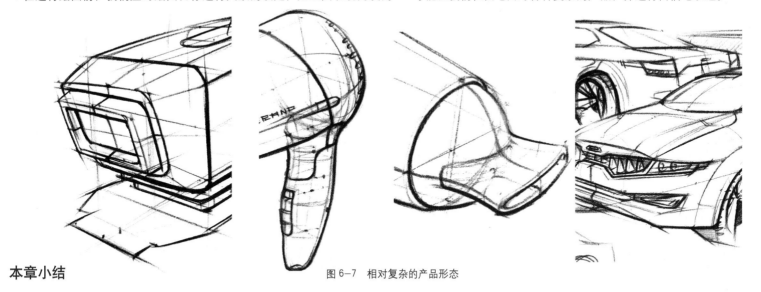

图6-7　相对复杂的产品形态

本章小结

在本章中，我们学习了版面的处理技巧及正确的绘图心态。版面的处理技巧能帮助我们更清晰地表达设计思维，正确的绘图心态则能帮助我们更轻松地完成设计创新思维的手绘表达。

第 7 章 | 借笔建模——实战案例分析

HUANGSHAN
HAND DRAWING
FACTORY

+ 始于 2006
+ 我们只关注工业产品设计

SINCE
2006

在本章中，我们将通过工业产品设计手绘的实例分析，对借笔建模思维方式的实战运用进行深入讲解。一方面是对前面章节所学知识进行再一次巩固；另一方面，也是帮助读者进一步理解工业产品设计手绘的精神本质，以真正做到设计创新思维的无障碍表达。

7-1 借笔建模之拉伸与布尔运算步骤案例

7-1-1 拉伸与布尔运算步骤案例分析

案例1：打印机

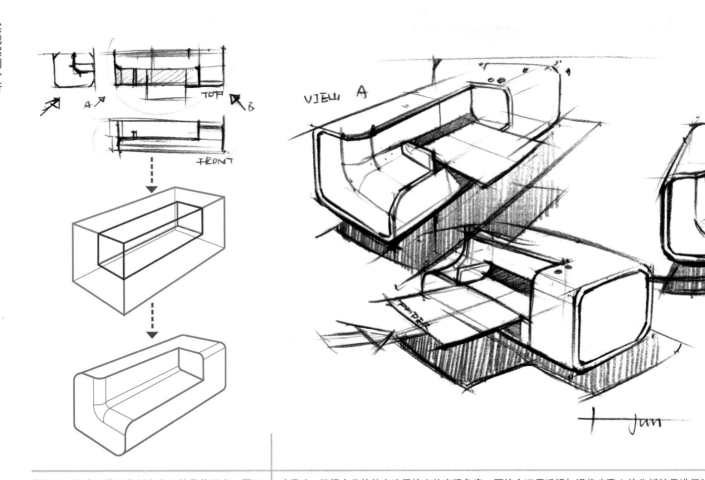

步骤1：通过三视图分析出产品的具体形态，再运用拉伸、加减及倒角知识，计算出打印机形态的绘制方法。

步骤2：根据产品的特点选择恰当的表现角度，再综合运用透视知识将步骤1的分析结果进行线稿表达，并设定好光源的照射角度。在表达过程中，要注意处理好各个视角之间的主次关系，避免出现图面呆板的情况发生。最后，通过背景板将三个不同视角的产品形态统一归纳到同一个信息区。背景板的大小和位置，均以凸显产品为主要原则，不宜过大，也不宜过偏。

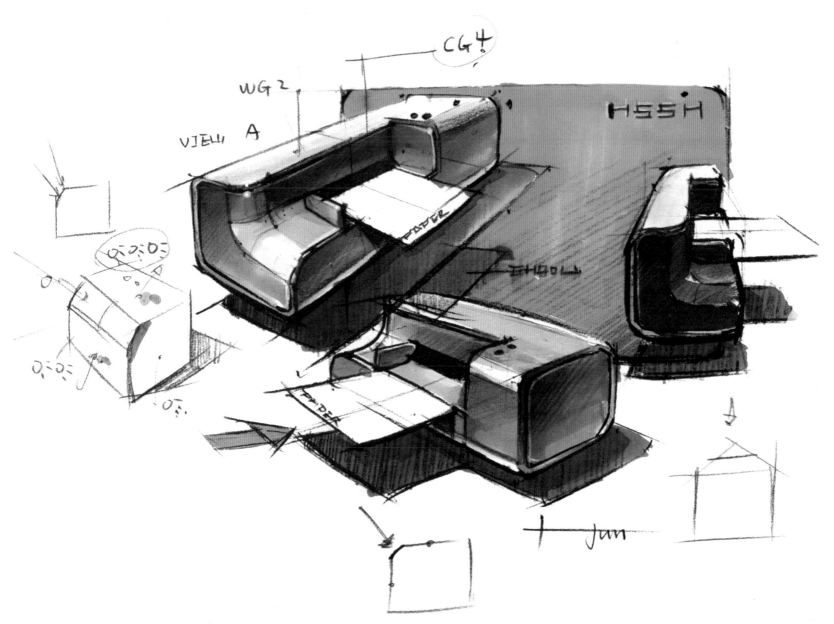

步骤 3：确定打印机各个组件的固有色，并根据光源照射角度计算出打印机各个面的受光程度，再综合运用第五章所学知识完成着色工作。本案例中，打印机的材质为具有一定光滑度的硬塑料，所以会出现较明显的高光与反光，明暗对比度也比基本材质要强。背景色则采用与产品主要色彩对比强的橙色，以进一步凸显产品。

案例 2：电动剃须刀

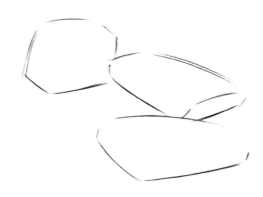

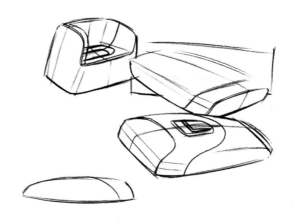

步骤 1：运用两端轻中间重的线条，绘制出电动剃须刀的大致透视关系。

步骤 2：根据产品形态，进行加减、倒角处理，并完善产品设计细节。

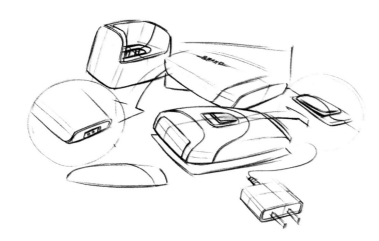

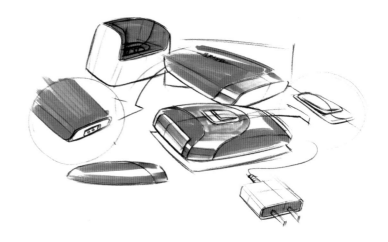

步骤 3：进一步刻画设计细节，并运用指示箭头交代图面关系。

步骤 4：设定光源角度与产品材质，对产品的主体结构进行着色。

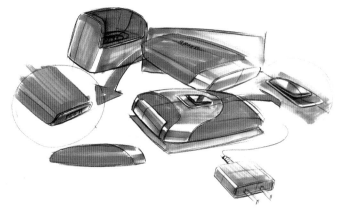

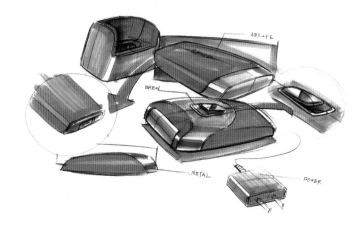

步骤 5：继续完成剩余的着色工作。

步骤 6：添加说明性文字，进一步阐述产品信息。

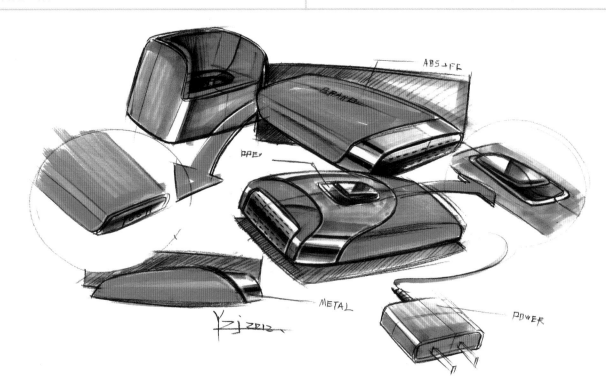

步骤 7：深入刻画产品设计细节，并根据光源照射角度及材质属性，统一调整图面的明暗对比关系。

案例 3：男士商务翻盖手机

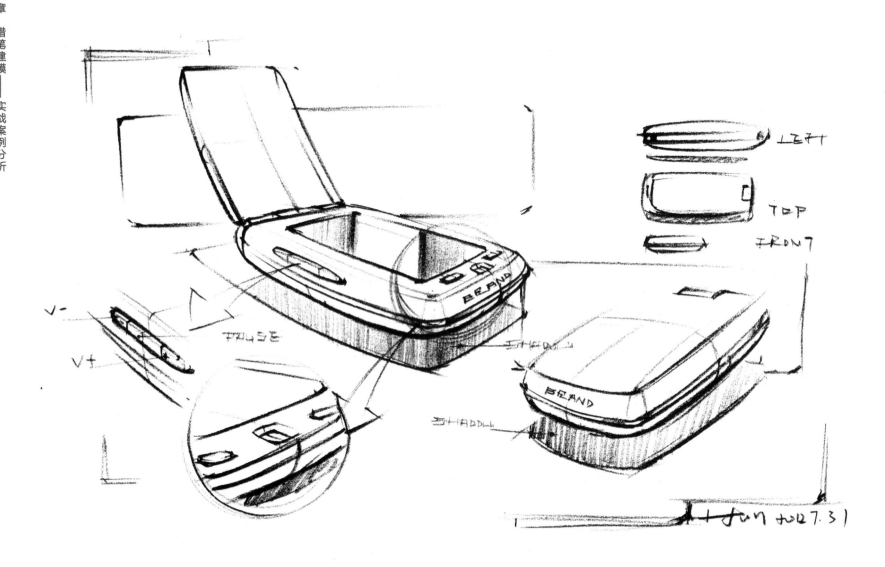

步骤 1：根据该商务翻盖手机的产品特征，选择两种不同的使用状态作为主图，并通过设计细节放大和三视图进一步阐述产品信息。

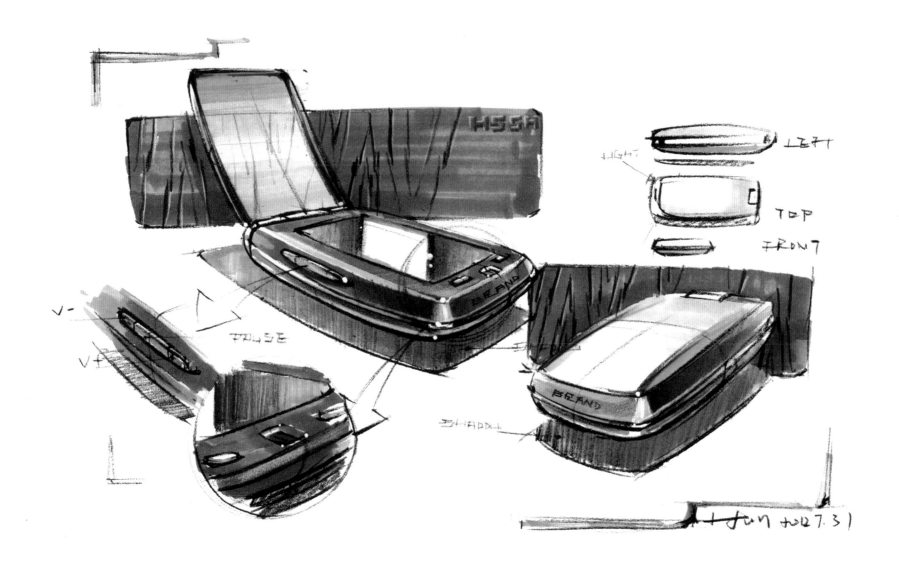

步骤2: 本案例将背景处理为粗糙木纹材质, 在保障图面色调统一的基础上, 通过材质对比来凸显产品的科技感。

案例4：男士商务智能双屏手机

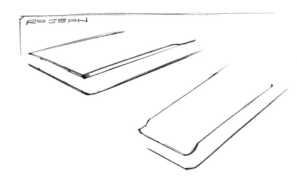

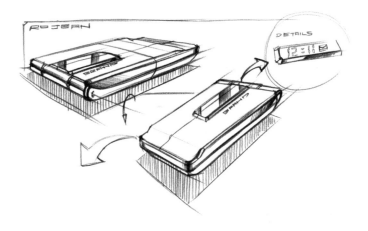

步骤1：选择表现角度，并绘制出大致的透视关系。

步骤2：进一步刻画设计细节，并通过剖面线表现产品的形体变化。

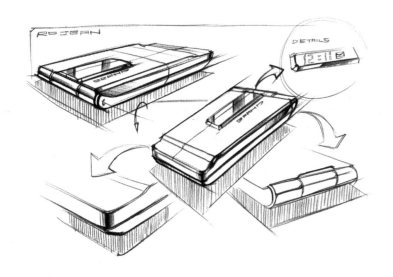

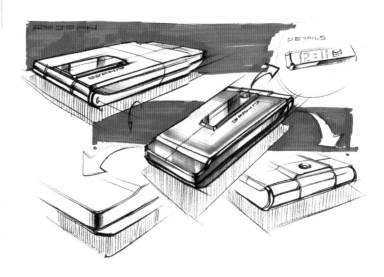

步骤3：完善其他辅助信息的表达。

步骤4：背景采用较鲜艳的色彩，以拉开与产品固有色的对比。

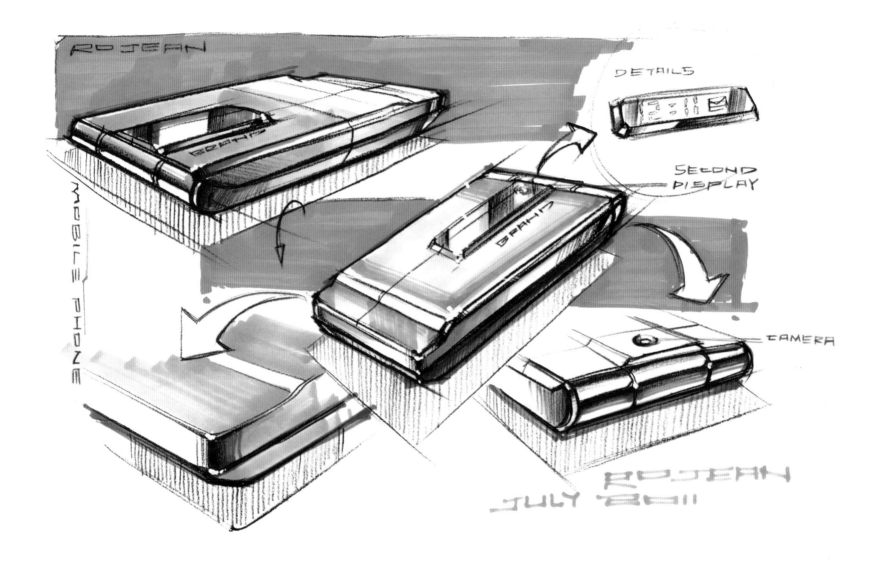

步骤 5：继续完成其他着色工作，并通过高光点的绘制进一步塑造该手机的材质属性。

案例 5：户外运动型三防手机

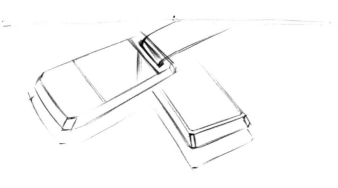

步骤 1：选择合适的表现角度，并确定主图在图面中的位置。

步骤 2：刻画设计细节，绘制背景板等其他辅助性信息。

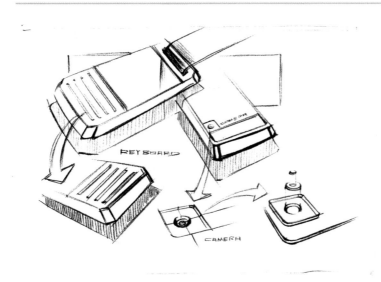

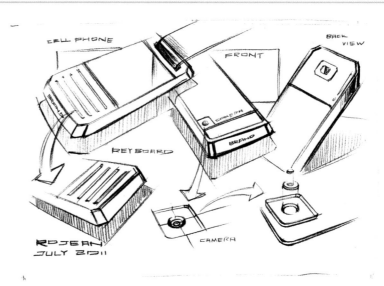

步骤 3：绘制设计细节放大图。

步骤 4：添加说明性文字，并在图面中较空的区域添加其他视角，以调整图面并进一步阐述产品信息。

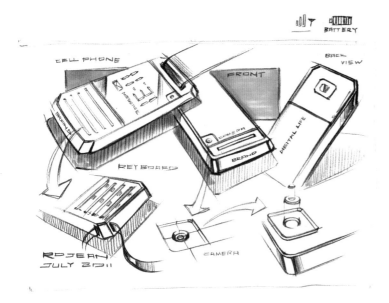

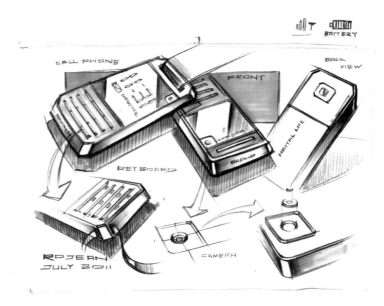

步骤5：绘制背景颜色。绘制时先沿背景与产品交界处着色，再大面积铺开。既能保证交界处的整齐，又能较好地凸显产品，并避免了背景的呆板。

步骤6：绘制产品主体结构色彩。本案例的侧边材质为镀铬工艺，用衰减性笔触绘制能较好地表达材质属性。

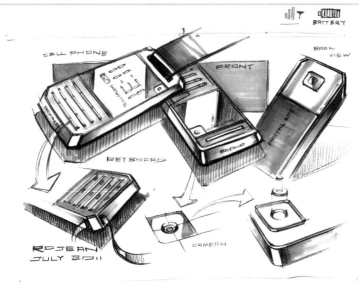

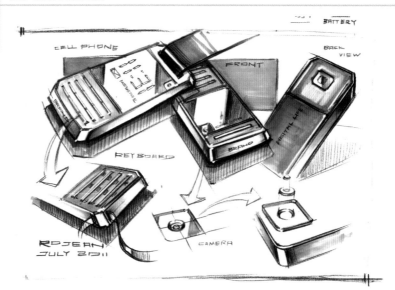

步骤7：根据光照角度与材质属性，继续完成剩余的着色工作。

步骤8：绘制高光点，以进一步塑造镀铬工艺的材质属性。

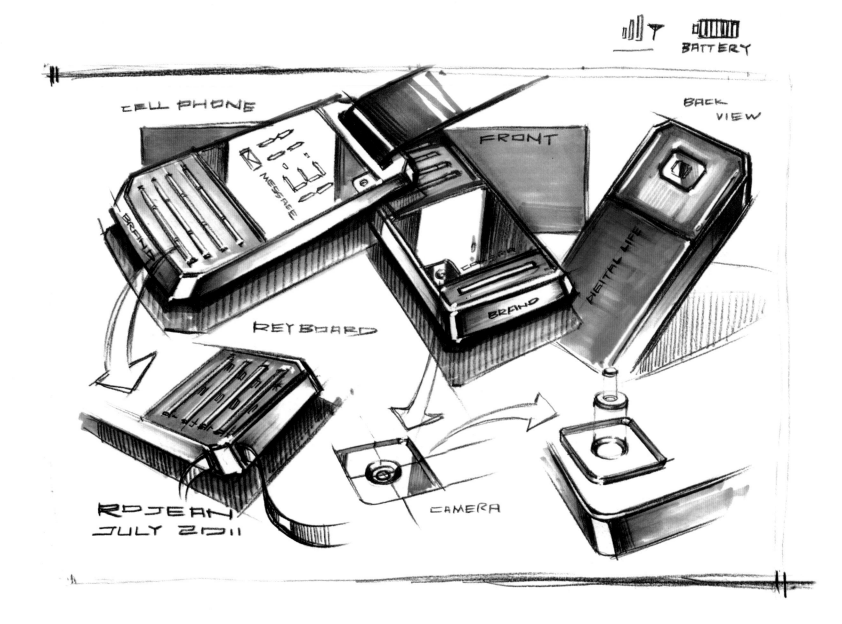

步骤 9：对图面进行统一调整，完成设计创新思维的表达。

案例6：智能商务翻盖手机

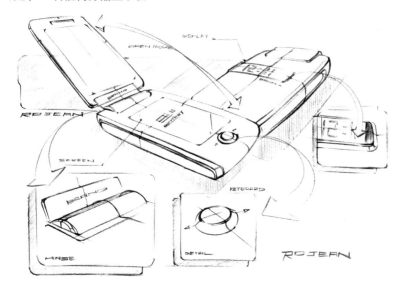

步骤1：在长方体的基础上，运用加减、倒角等知识绘制出产品主图，再通过设计细节放大图进一步阐述设计细节。

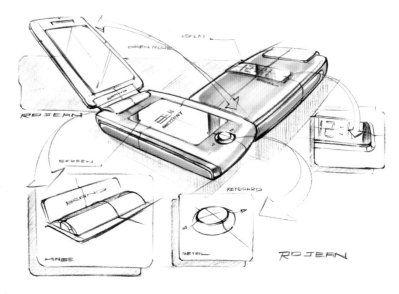

步骤2：对主图进行着色。在着色时，能通过留白保留出高光带则尽量留白，其视觉效果比通过高光绘制工具绘制出的效果要好。

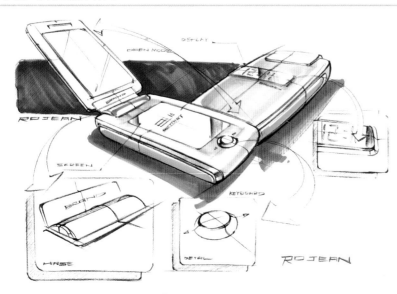

步骤3：选择能凸显出产品的色彩绘制背景与投影。

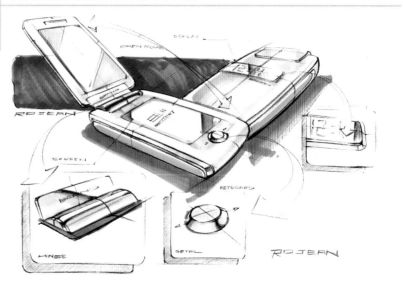

步骤4：继续完成剩余的着色工作。

步骤 5：对图面进行统一调整，并采用恰当的色彩界定背景与投影区域之外的产品轮廓线，以进一步凸显产品。

案例 7：电子计算器

步骤 1：根据需要阐述产品的信息，选择了两个不同的视角作为主图，以保障设计细节放大图的合理交代。同时，借助结构爆炸图和三视图进一步阐述产品信息。

步骤 2：根据光源照射角度和材质属性完成着色工作。在本案例中，结构爆炸图的投影不进行着色处理，以保障主图的主体性。

7-1-2 拉伸与布尔运算步骤案例欣赏

案例1：多功能工具挎包

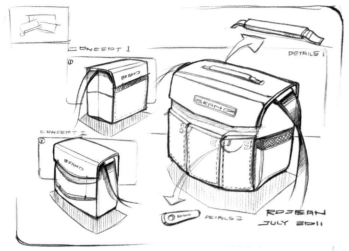

步骤1

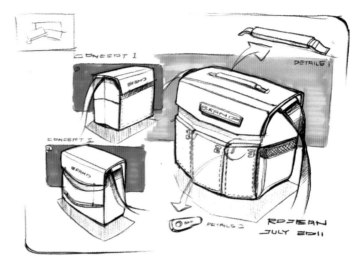

步骤2

步骤3

步骤4

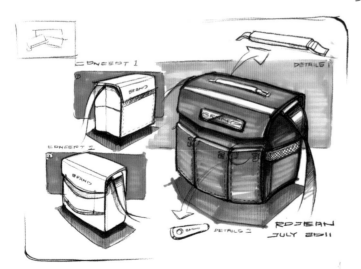

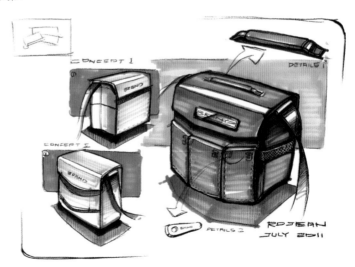

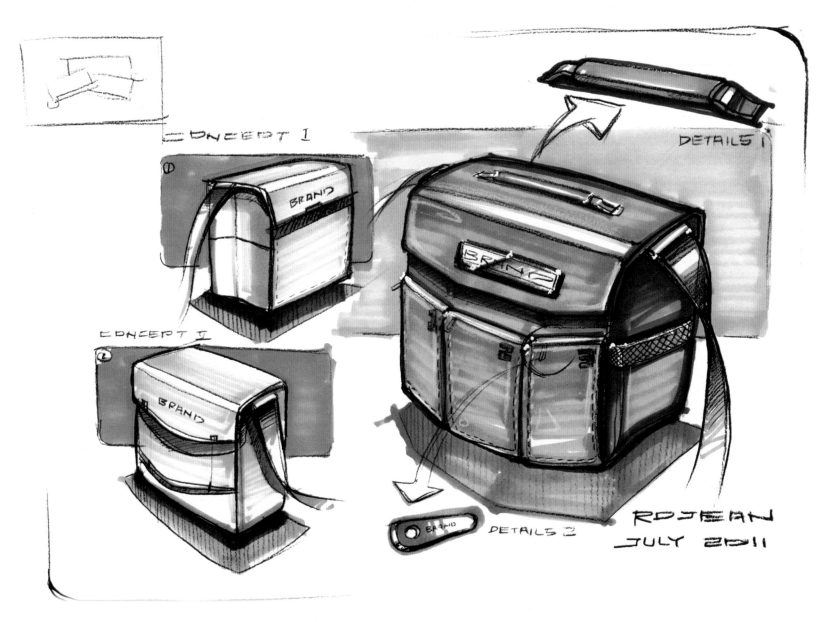

CONCEPT 1

CONCEPT II

DETAILS 1

DETAILS 2

ROJEAN
JULY 2011

案例 2：碎纸机

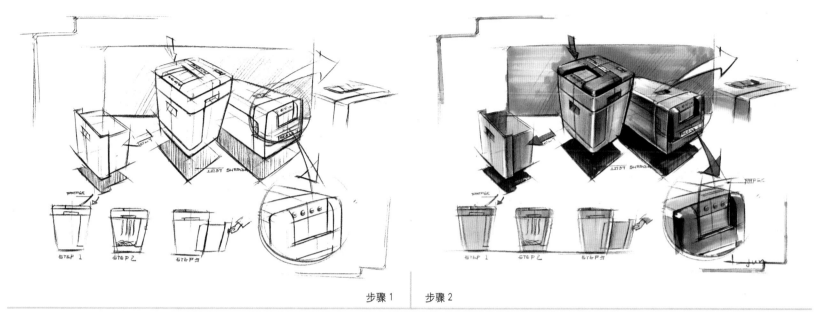

步骤 1　步骤 2

案例 3：便携式投影仪

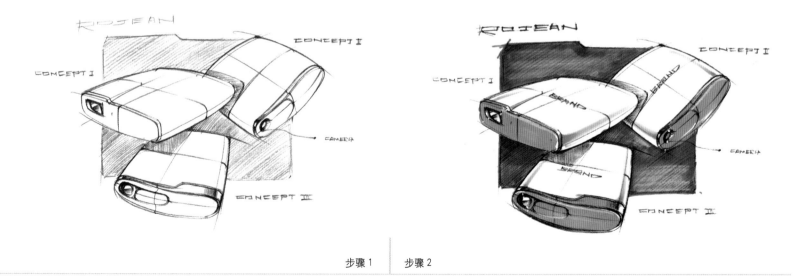

步骤 1　步骤 2

案例 4：多媒体控制器

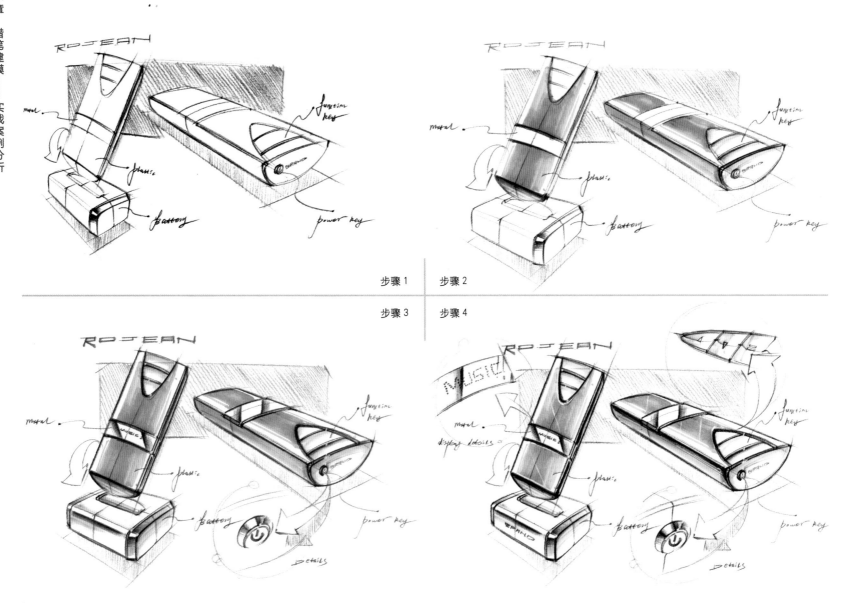

步骤 1	步骤 2
步骤 3	步骤 4

案例 5：多媒体遥控器

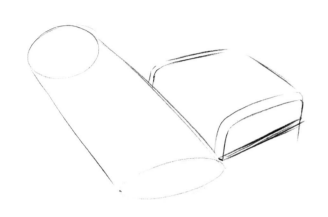

步骤 1　步骤 2

步骤 3　步骤 4

步骤 5 | 步骤 6

步骤 7 | 步骤 8

案例 6：个性化多媒体播放器

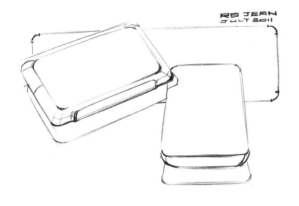

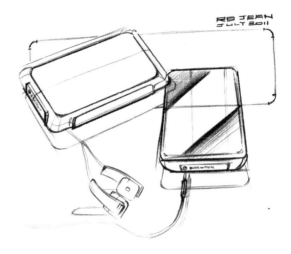

步骤 1	步骤 2
步骤 3	步骤 4

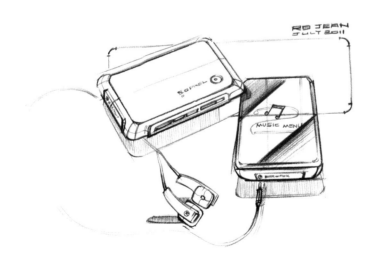

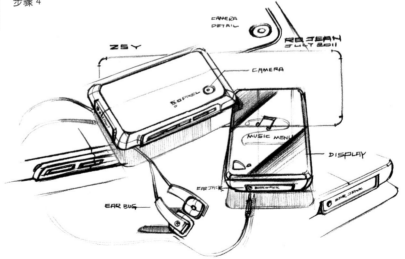

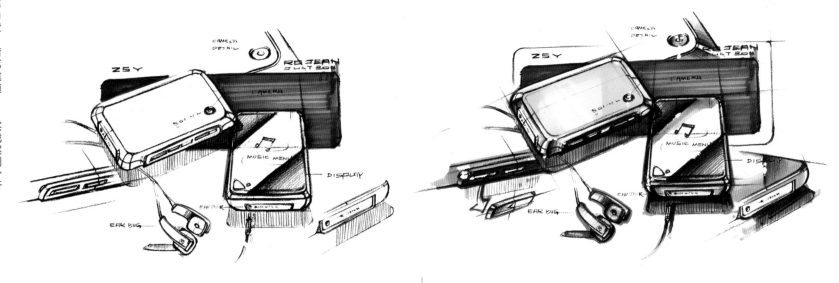

步骤 5 | 步骤 6

案例 7：透明翻盖商务 PDA

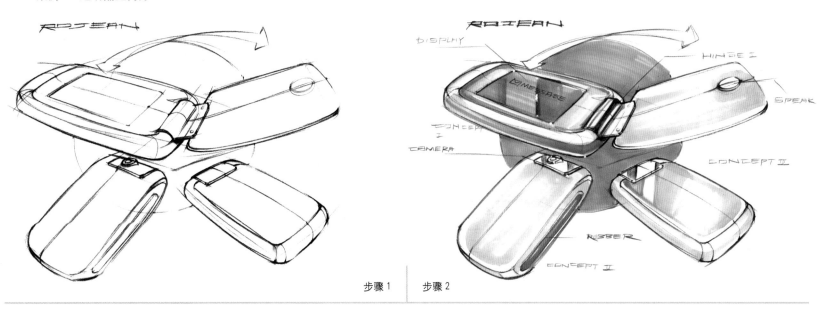

步骤 1 | 步骤 2

案例 8：商务宽屏智能 PDA

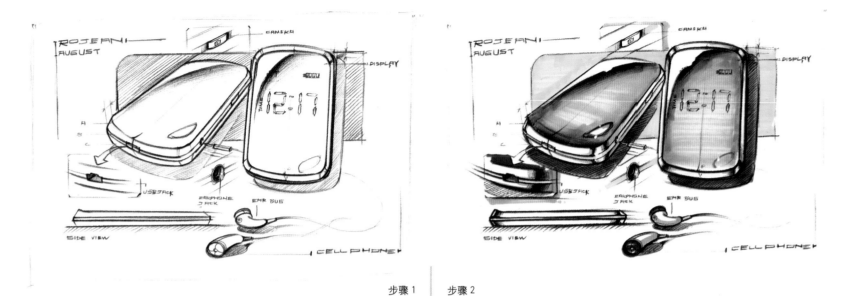

步骤 1　　步骤 2

案例 9：商务多媒体智能滑盖手机

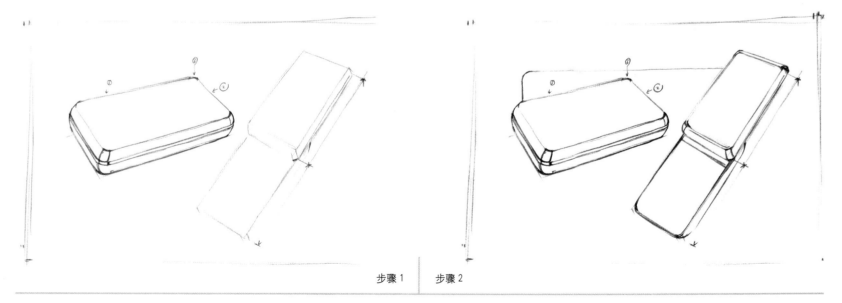

步骤 1　　步骤 2

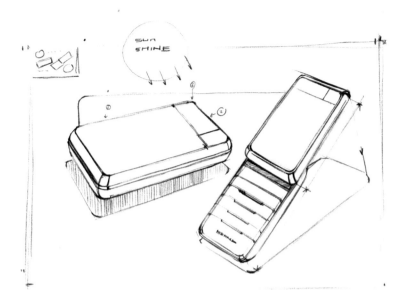

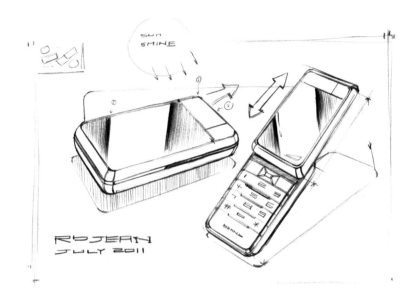

步骤3 | 步骤4

步骤5 | 步骤6

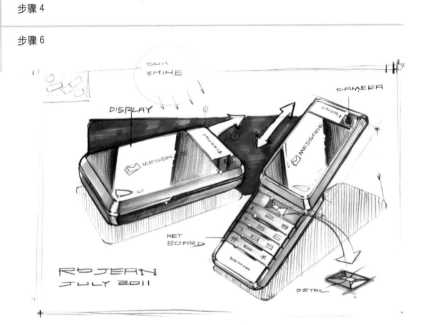

7-2 借笔建模之放样与扫描步骤案例

7-2-1 放样与扫描步骤案例分析

案例1：挂式蒸汽电熨斗

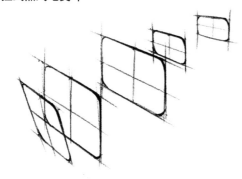

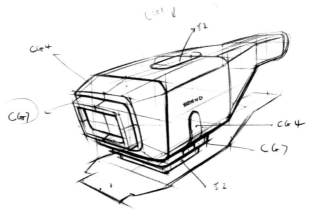

步骤1：本案例适合运用放样方法进行绘制，先分析出产品关键横截面的形态，再选择能充分说明产品信息的视角，借助透视知识将关键横截面绘制出来。

步骤2：将关键横截面依次相连，绘制出产品的整体形态，再运用加减、布尔运算等知识绘制出产品的设计细节。绘制过程中，要根据线条的不同属性及光照角度，处理好线条的轻重关系。

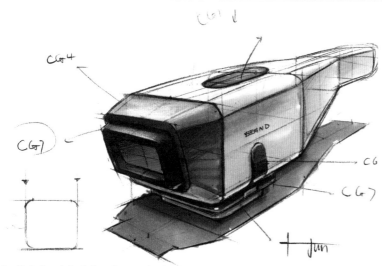

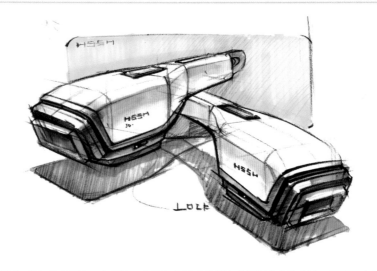

步骤3：设定产品各组件的固有色，并根据光照角度与材质属性对产品进行着色。

步骤4：就初学者而言，在通过一个视角的精确绘制充分了解产品结构后，可尝试在提高绘制速度的基础上，改变绘制视角及设计细节，以不断提高工业产品设计手绘的实际应用能力。

案例2：LED 电筒

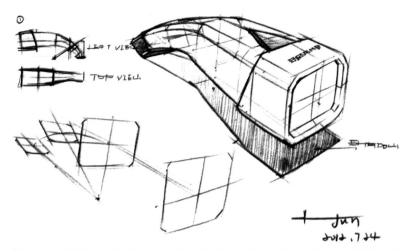

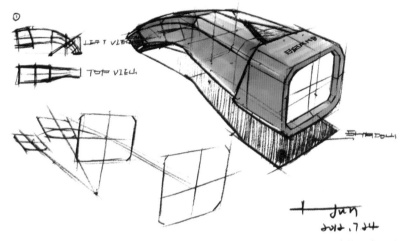

步骤1：本案例适合运用单轨扫描方法进行绘制，先通过三视图分析出扫描路径与关键横截面的形态、位置及比例关系，再运用透视知识绘制出产品整体形态，并完善设计细节。

步骤2：设定产品各组件的固有色，再分析光照角度及材质属性，绘制出大体的明暗关系。绘制时，受光面可用较轻的笔触，灰面用正常笔触，暗面则通过马克笔笔触的叠加降低明度。

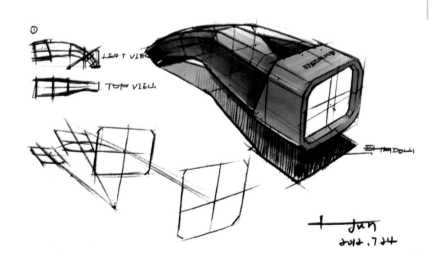

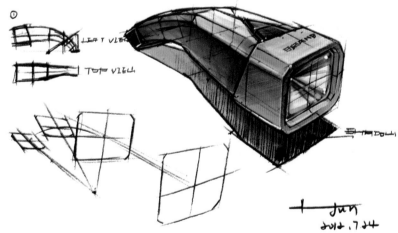

步骤3：采用比固有色明度深的马克笔绘制暗部，进一步拉开明暗对比关系。

步骤4：采用白色彩铅将亮面整体提亮，并绘制高光点与高光线。

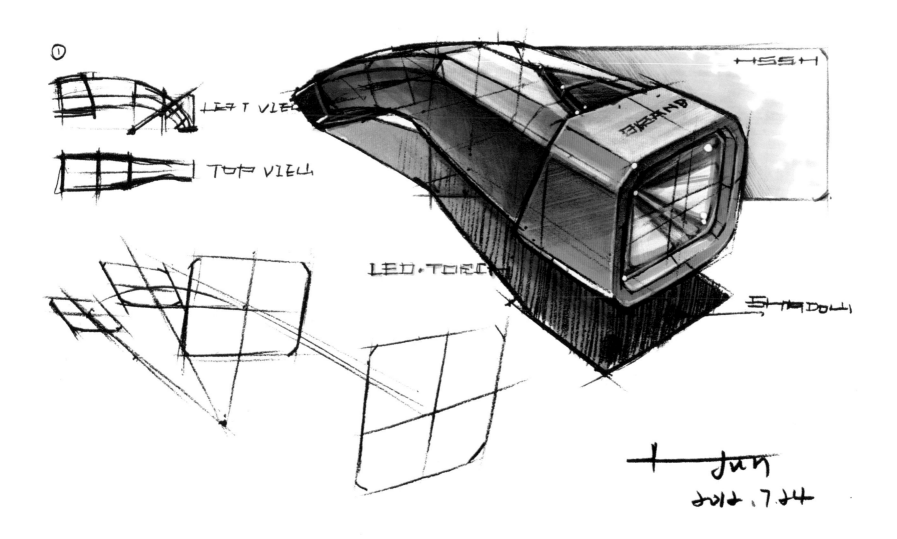

① LEFT VIEW

TOP VIEW

HSSH

BRAND

LED·TORCH

SHADOW

Jun
2012.7.24

步骤5：进一步调整图面，并采用能凸显产品的色彩绘制背景。

案例3：便携式折叠电吹风

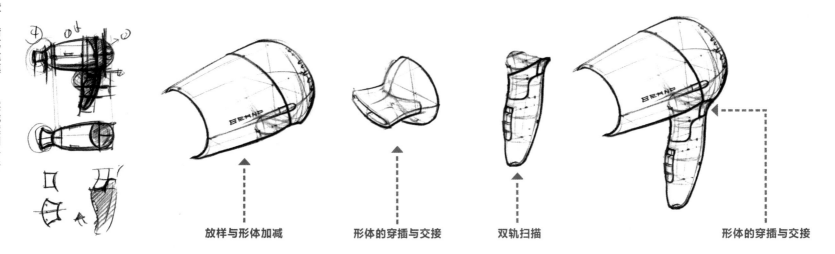

放样与形体加减　　　　　形体的穿插与交接　　　　　双轨扫描　　　　　形体的穿插与交接

步骤1：认真分析产品三视图，以形成正确的绘制思路。本案例需要用到的方法较多，需要我们对不同组件的具体形态进行认真分析，并选择合适的方法进行绘制。同时，因形体穿插与交接关系相对复杂，应把握好绘图心态，并控制好整体比例关系。

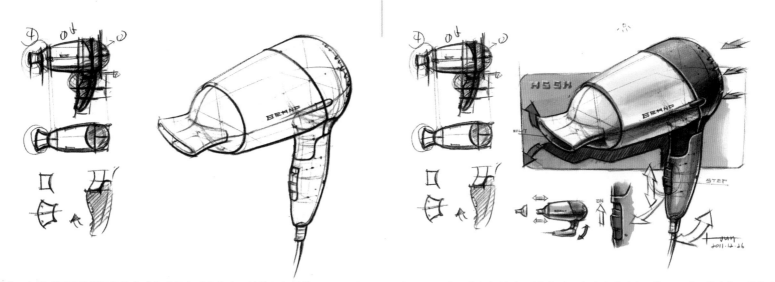

步骤2：在形成正确绘制思路的基础上选择合适的角度，并控制好整体透视关系与比例关系，完成线稿的绘制。

步骤3：设定固有色与材质，并根据光照角度完成着色工作。同时，借助指示性箭头对产品的功能及使用方式进行全面阐述。

7-2-2 放样与扫描步骤案例欣赏

案例 1：便携式手持电吹风

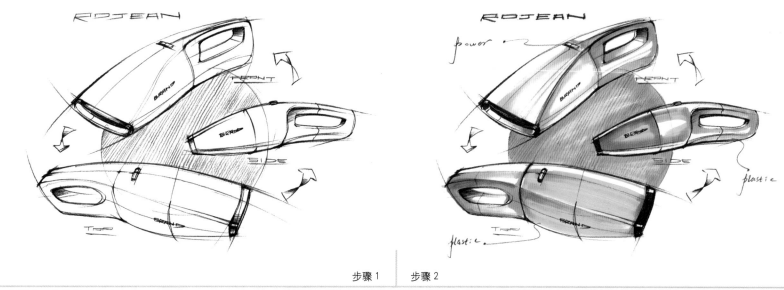

步骤 1 | 步骤 2

案例 2：户外运动手表

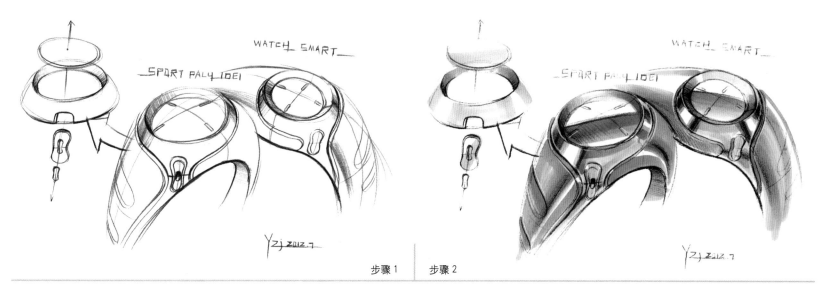

步骤 1 | 步骤 2

案例3：家用空气清新器

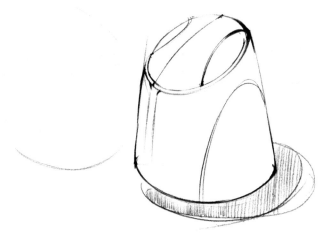

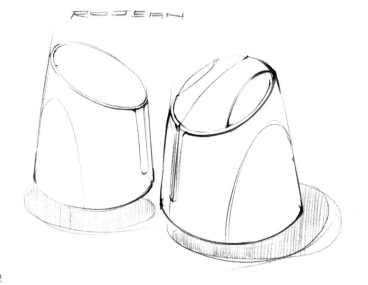

步骤1	步骤2
步骤3	步骤4

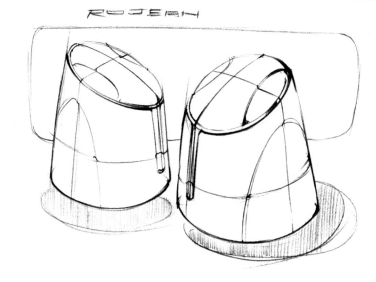

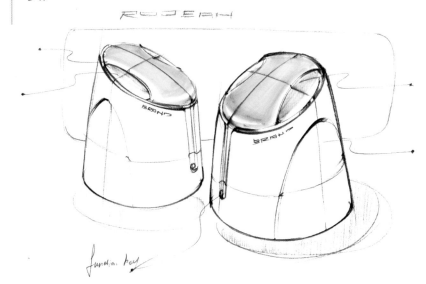

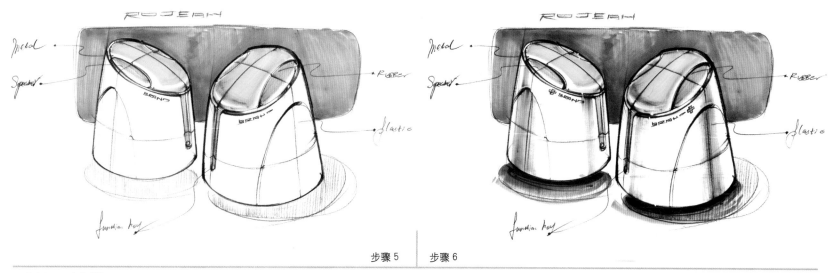

案例 4：商务剃须刀

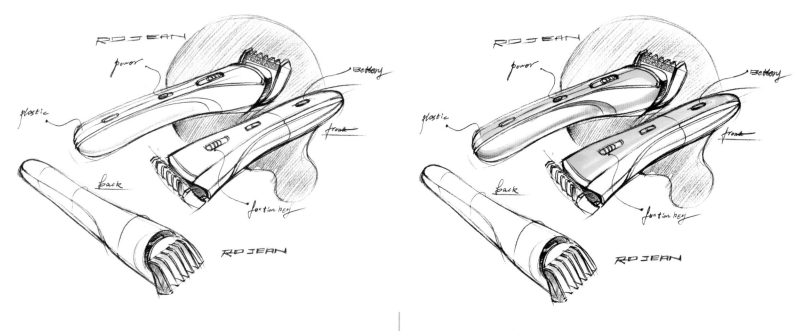

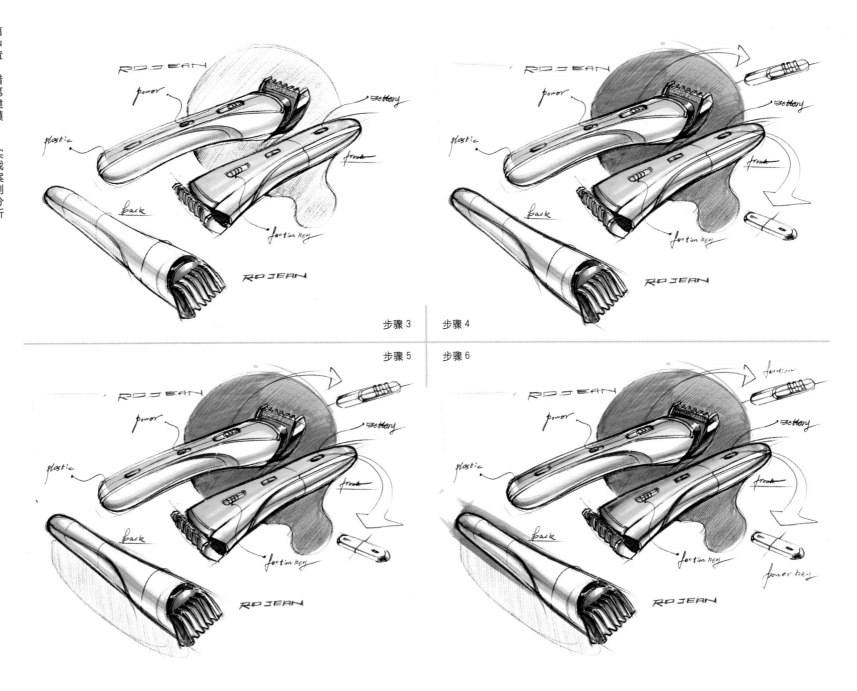

步骤 3　步骤 4

步骤 5　步骤 6

案例 5：运动型多媒体三合一播放器

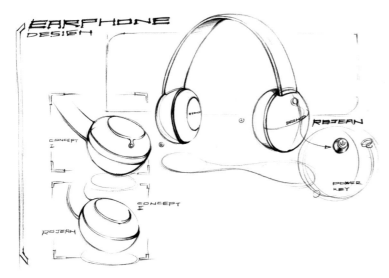

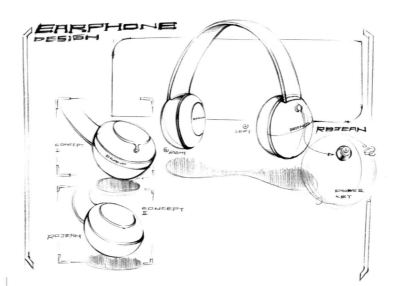

步骤 1 | 步骤 2

步骤 3 | 步骤 4

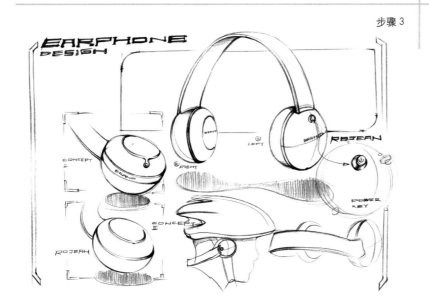

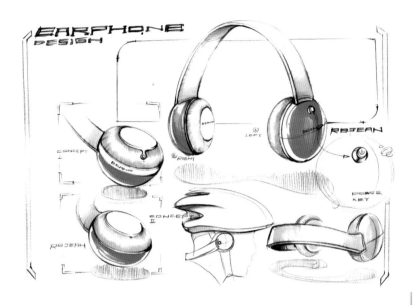

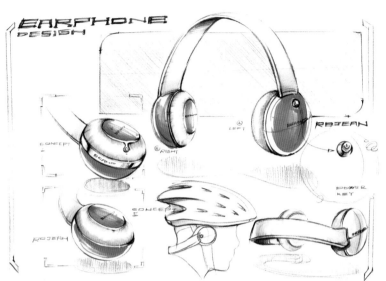

步骤 5　　步骤 6

案例 6：多功能电动卷笔刀

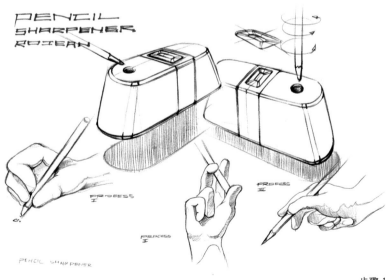

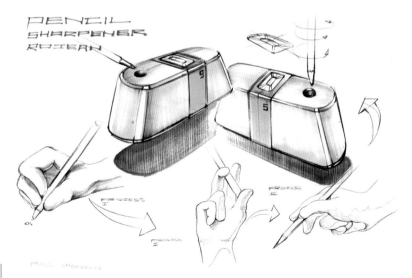

步骤 1　　步骤 2

7-3　借笔建模之嵌面步骤案例

7-3-1　嵌面步骤案例分析

案例1：户外运动鞋与光电鼠标

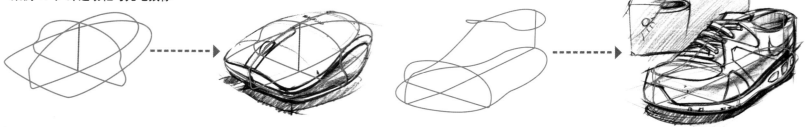

步骤1：本案例选择了两个比较有代表性的嵌面型产品——运动鞋与鼠标。在第四章嵌面知识的学习时，我们已经对这两个产品的关键性线条进行过分析。

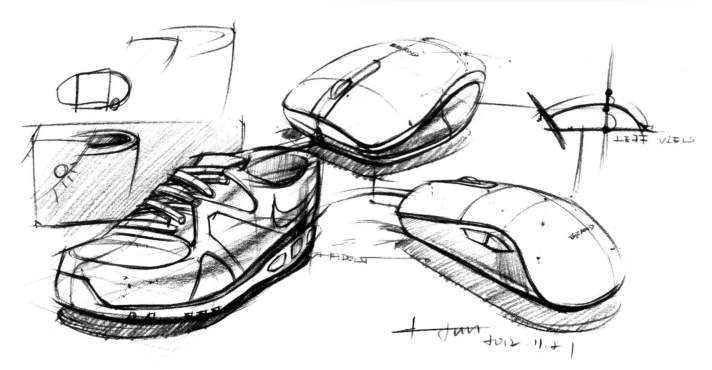

步骤2：认真分析所选择表现视角的透视关系，先将运动鞋与鼠标的关键性线条绘制出来，并运用嵌面的方法生成整体形态，再逐步完善设计细节。

步骤 3：根据光源照射角度和材质属性完成着色工作。

案例 2：触摸式无线鼠标

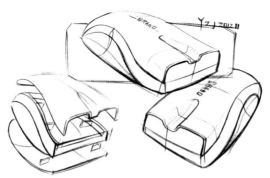

步骤 1：分析出鼠标形态的关键性线条，并绘制出主图。

步骤 2：通过步骤 1 熟悉了产品形态与结构后，快速绘制出其他视角及结构爆炸图。

步骤 3：对鼠标进行着色。本案例中的爆炸图在着色阶段进行了弱化处理，以保障主图在图面中的主体性。

7-3-2 嵌面步骤案例欣赏

案例1：USB 分线器

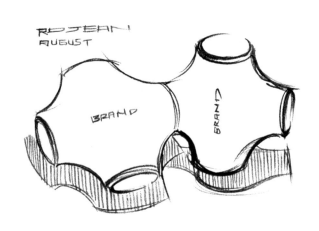

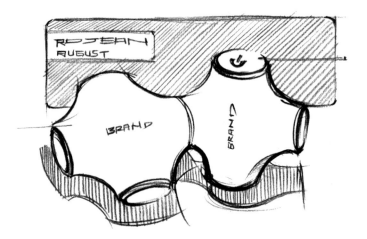

步骤1	步骤2
步骤3	步骤4

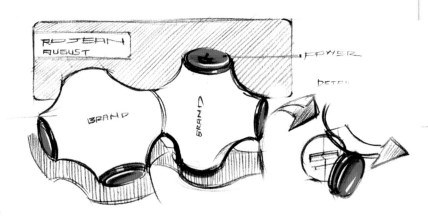

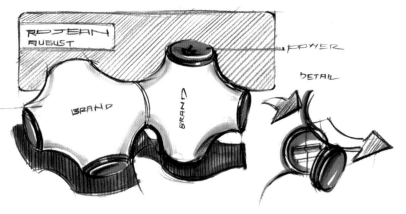

步骤 5

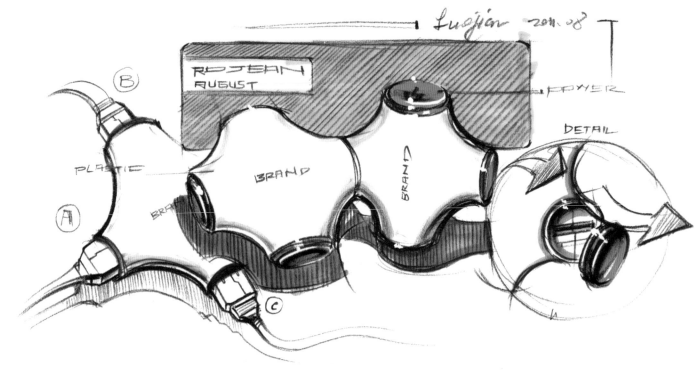

案例 2：单肩运动挎包

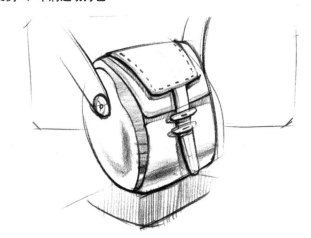

步骤 1　　　步骤 2

案例 3：户外登山鞋

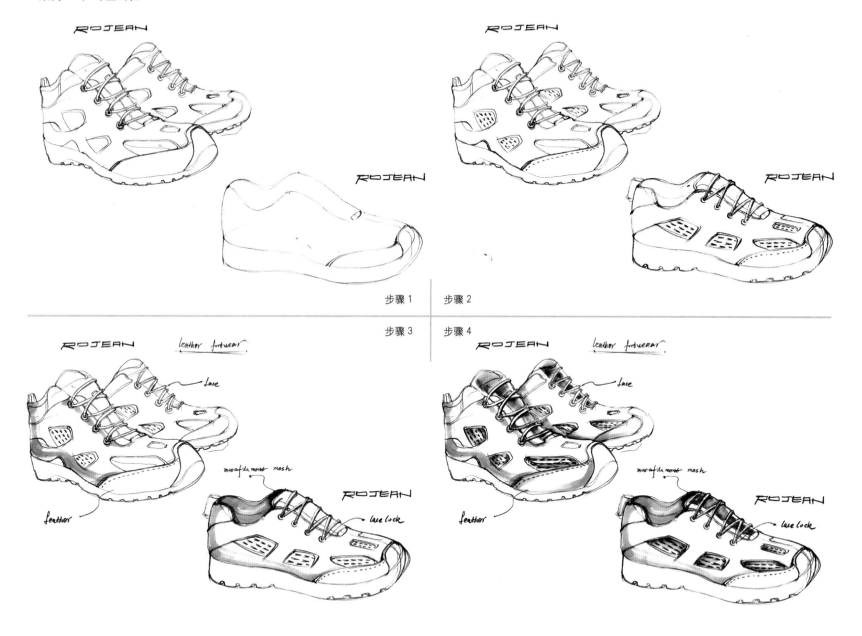

步骤 1　步骤 2

步骤 3　步骤 4

步骤 5

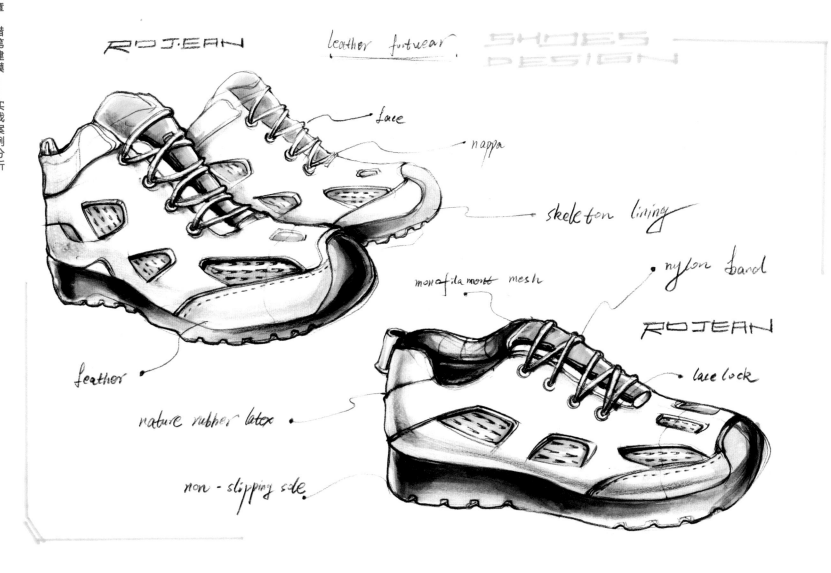

ROJEAN

leather footwear

SHOES
DESIGN

lace

nappa

skeleton lining

nylon band

monofilament mesh

ROJEAN

lace lock

leather

nature rubber latex

non - slipping sole.

案例 4：便携式个性娱乐播放器

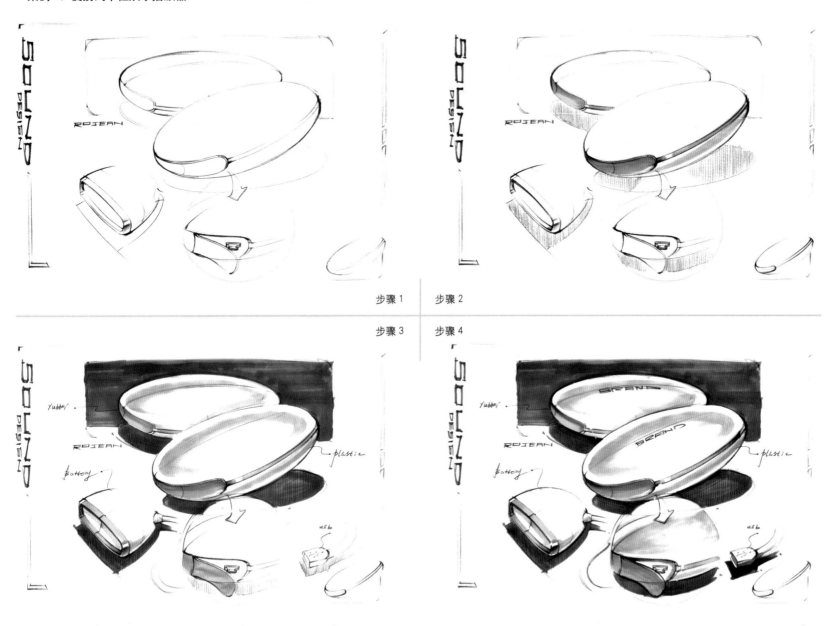

步骤 1 | 步骤 2

步骤 3 | 步骤 4

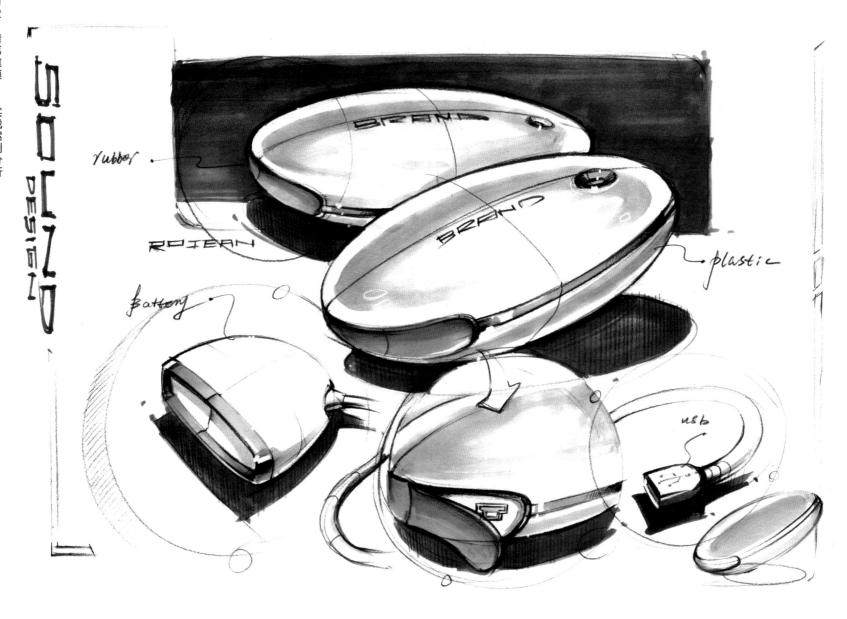

7-4　借笔建模之交通工具步骤案例欣赏

交通工具种类繁杂、形态多样、结构复杂，且涉及的材质类别多，是绘制难度较大的一种产品类型。同时，也正因为交通工具的复杂性，广大初学者也将交通工具的绘制作为提升手绘能力的一个有效途径。本书中将这一部分内容单独列出，以帮助读者更好地掌握交通工具的绘制方法。

案例1：轿车历史演变过程的手绘记录

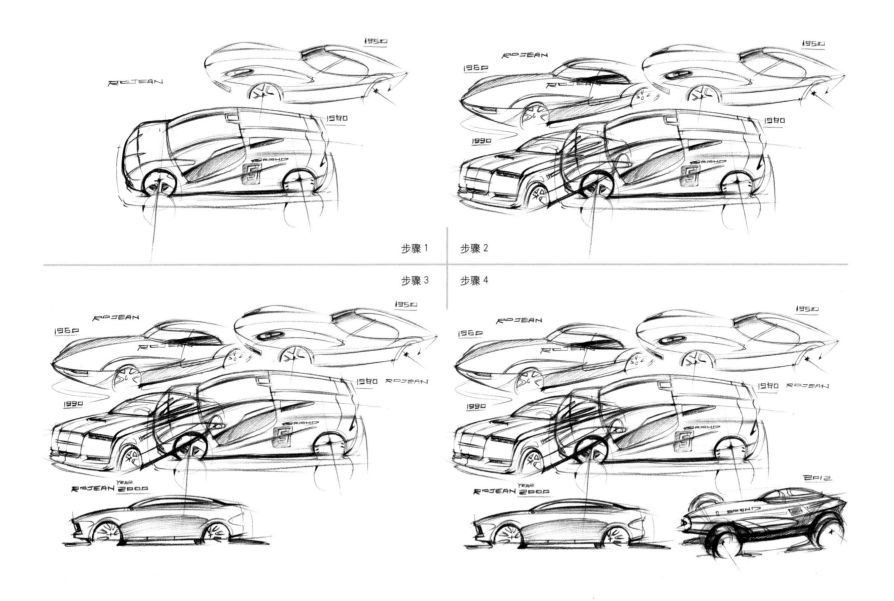

步骤1　步骤2

步骤3　步骤4

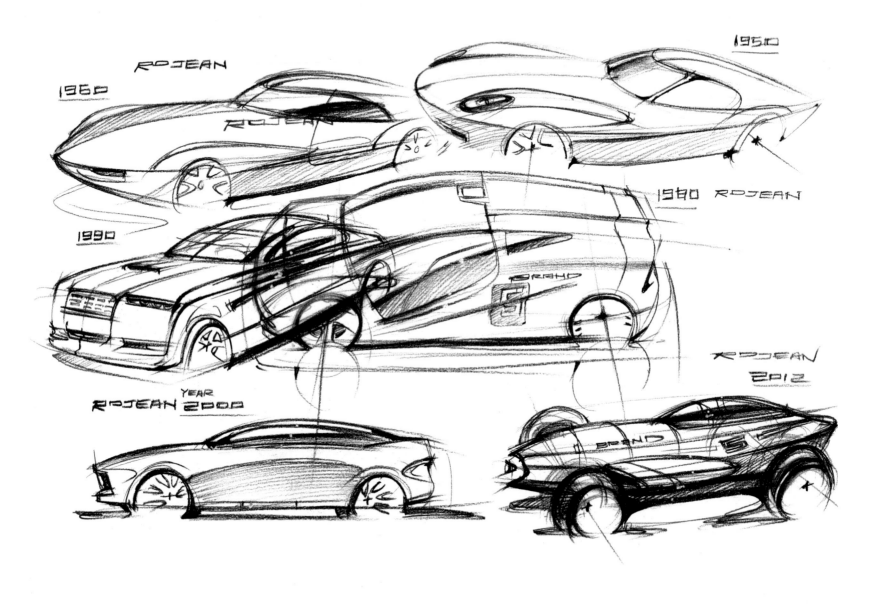

案例 2：时尚运动轿跑

步骤 3

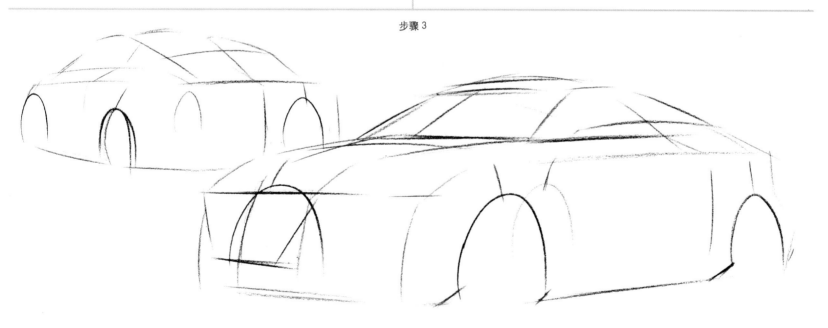

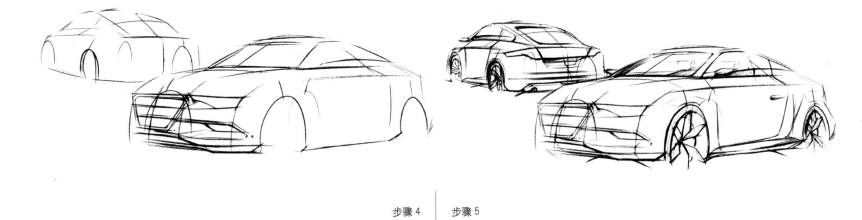

步骤 4 | 步骤 5

步骤 6

步骤 7 | 步骤 8

步骤 9

案例 3：中型多功能运输车

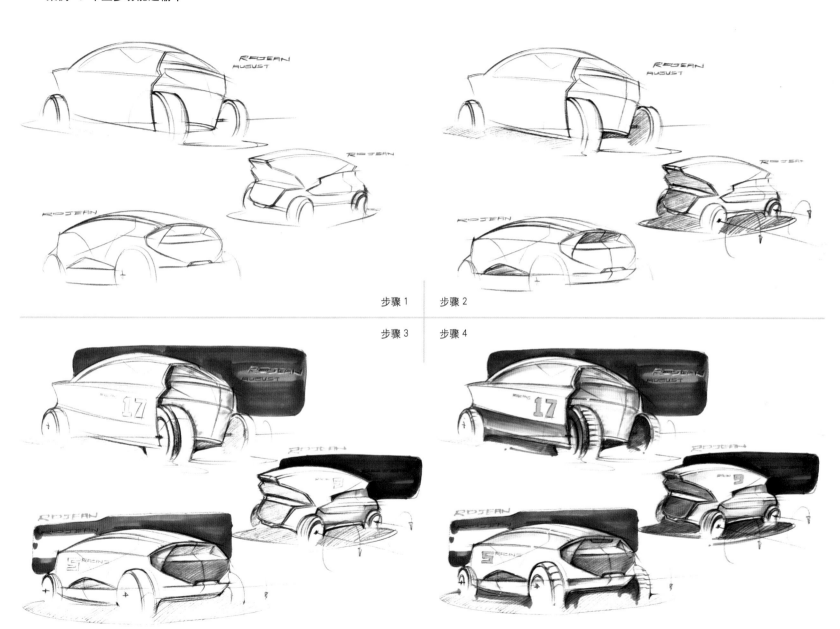

步骤 1 | 步骤 2

步骤 3 | 步骤 4

案例 4：商务车、SUV、跑车手绘合集

步骤 1　　步骤 2

步骤 3　　步骤 4

案例5：多功能皮卡

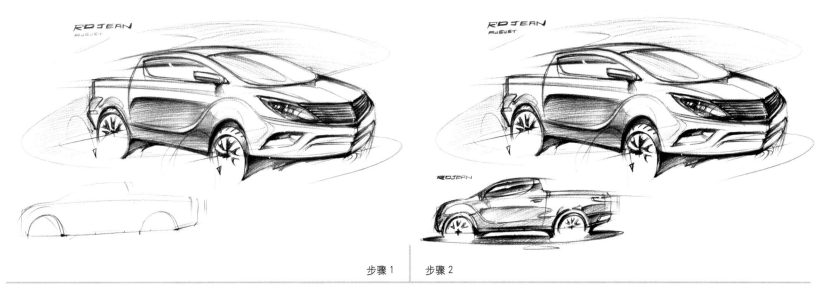

步骤1　步骤2

案例6：中型越野车

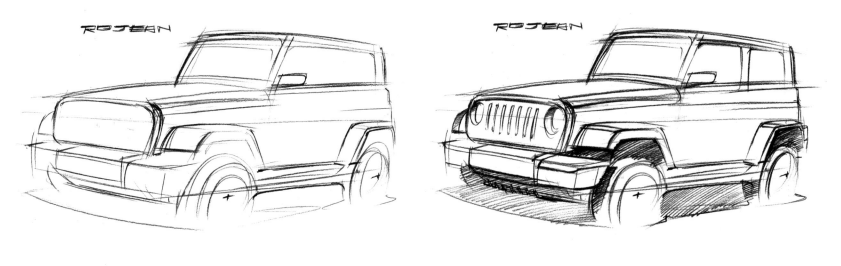

步骤1　步骤2

第
7
章
　
借
笔
建
模
——
实
战
案
例
分
析

案例 7：小型城市 SUV

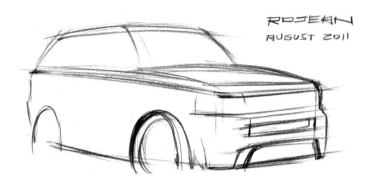

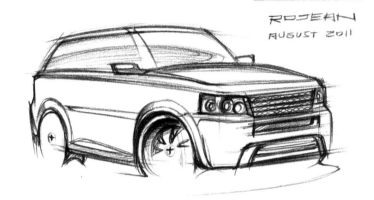

	步骤 1	步骤 2
	步骤 3	步骤 4

案例 8：城市概念休闲 SUV

步骤 1	步骤 2
步骤 3	步骤 4

步骤 5

案例 9：多功能商务车

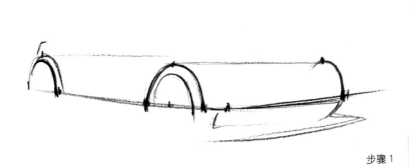
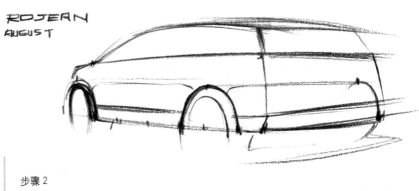

步骤 1　步骤 2

步骤 3　步骤 4

步骤 5　步骤 6

案例 10：紧凑型商务车

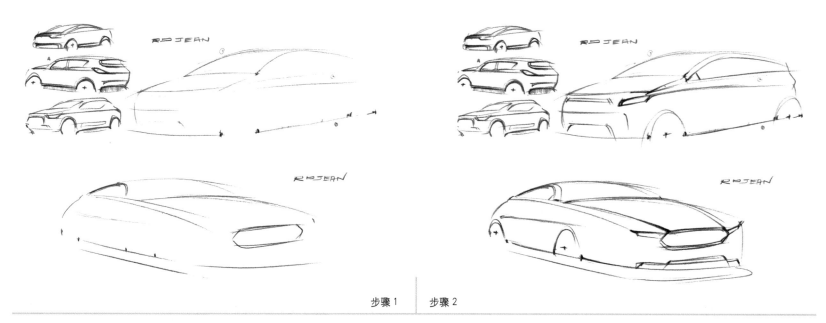

步骤 1　　步骤 2

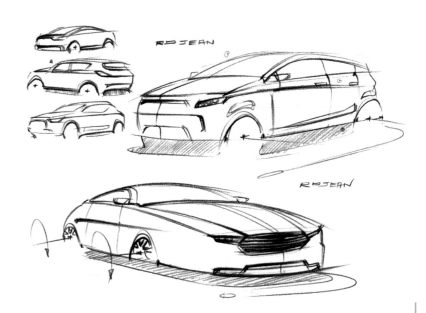

步骤 3	步骤 4
步骤 5	步骤 6

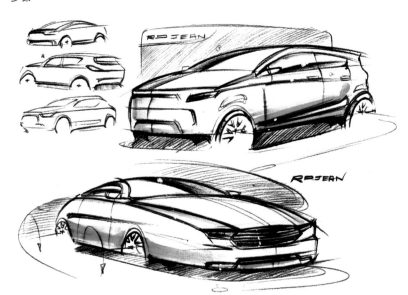

案例 11：中型概念 SUV

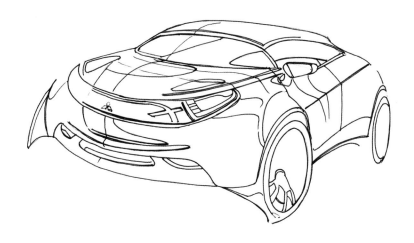

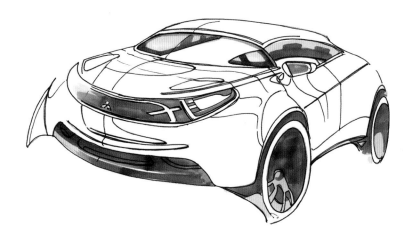

步骤 1 | 步骤 2

步骤 3 | 步骤 4

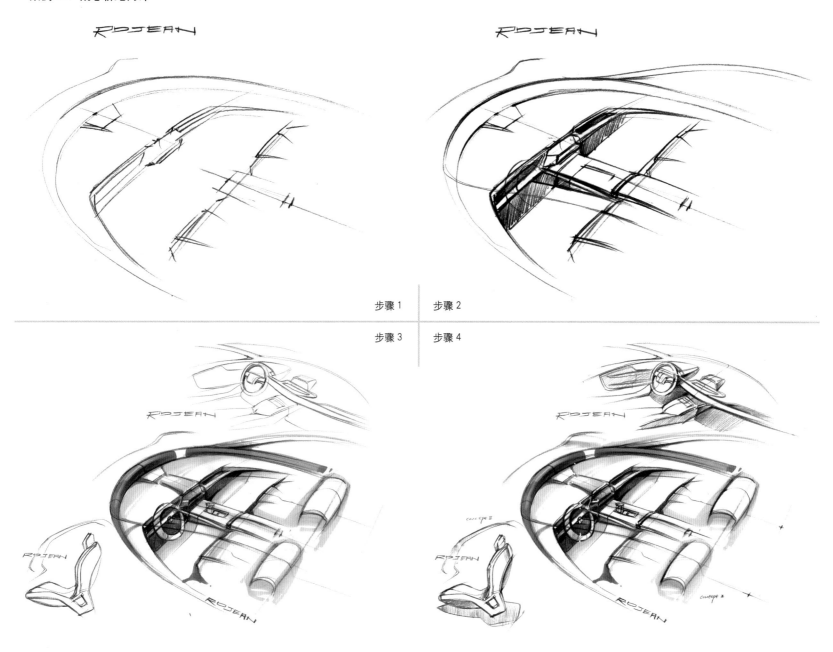

步骤1 | 步骤2

步骤3 | 步骤4

案例 13：人机概念座椅

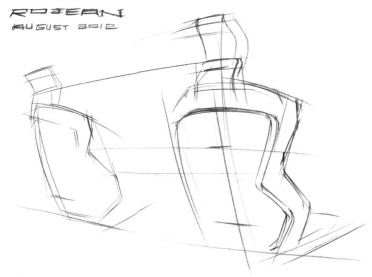

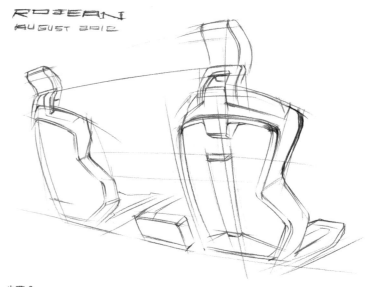

步骤 1　　步骤 2

步骤 3　　步骤 4

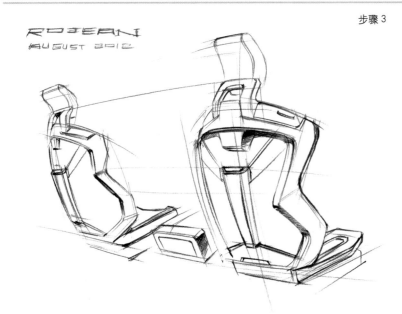

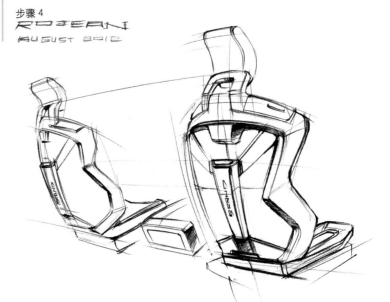

案例 14：概念运动摩托车

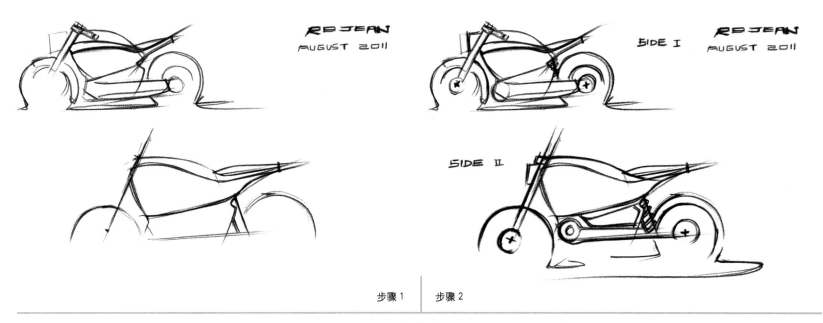

步骤 1 | 步骤 2

步骤 3

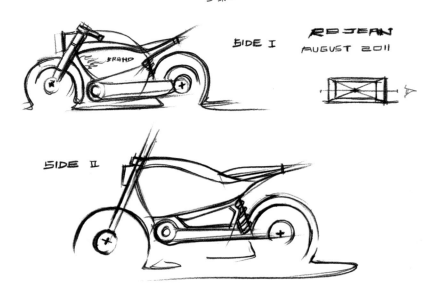

步骤 4

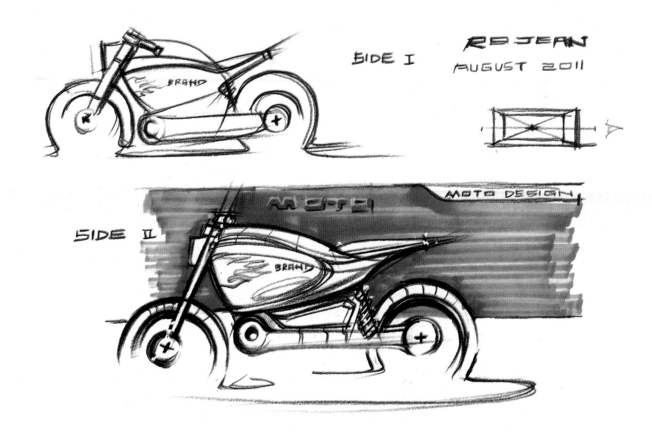

本章小结

在本章中，我们通过大量的步骤案例对本书知识进行了一次综合性的学习。
面对变化莫测的设计创新思维及千姿百态的绘制对象，我们一方面要灵活运用书
中的知识，另一方面也要通过大量的练习以不断积累绘图经验。只有在科学的分
析思考能力及熟练的表现技巧兼备时，我们才能在设计创新思维的释放过程中，
"以无法为有法、以无限为有限"，并"用最强的自己去战斗"。

第 8 章｜学生作品欣赏

HUANGSHAN
HAND DRAWING
FACTORY

+ 始于 2006
+ 我们只关注工业产品设

SINCE
2006

8-1 职业班学生作品欣赏

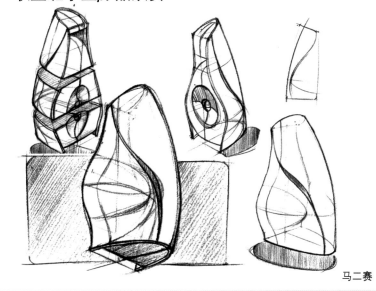

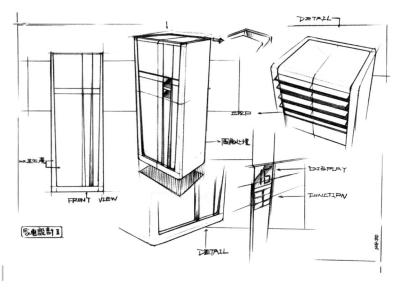

马二赛 | 吴小芸

续磊 | 马静文

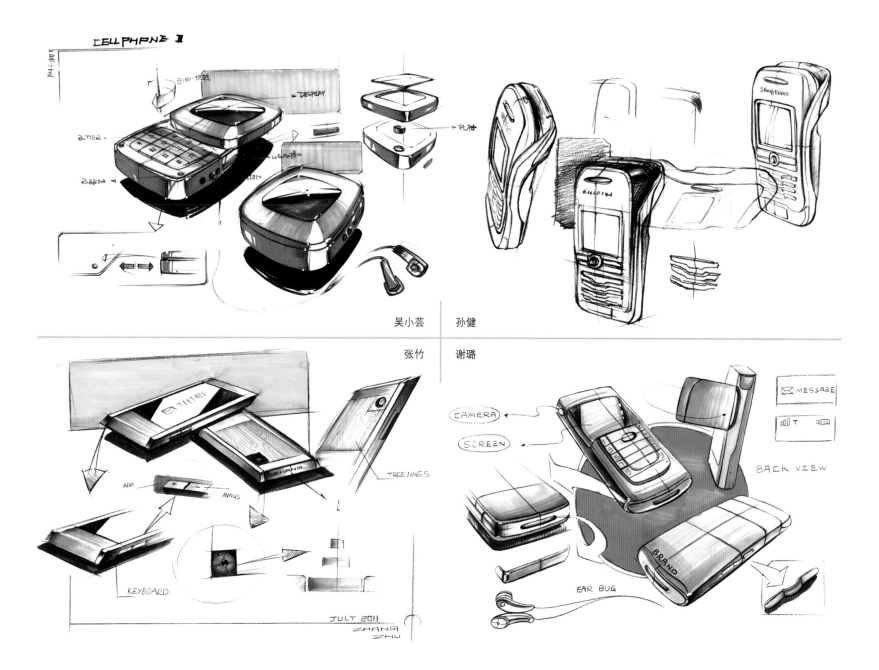

CELLPHONE II

DISPLAY

BATTER

RUBBER

吴小芸　孙健

张竹　谢璐

TEXT MES

TREE LINES

ADD

MNUS

KEYBOARD

JULY 2011

ZHANG
ZHU

MESSAGE

CAMERA

SCREEN

BACK VIEW

BRAND

EAR BUG

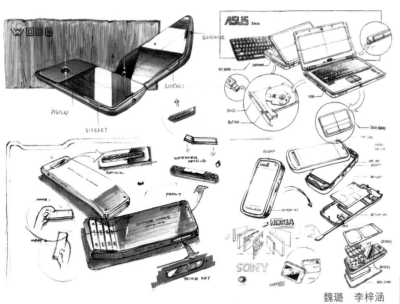

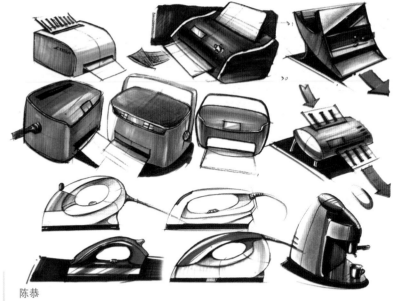

魏璐 李梓涵 陈恭

崔新华 肖焯斌

TELEPHONE

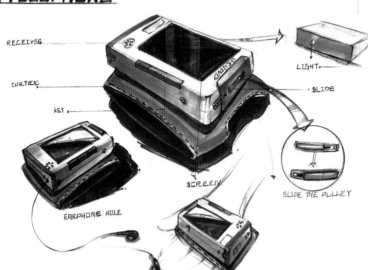

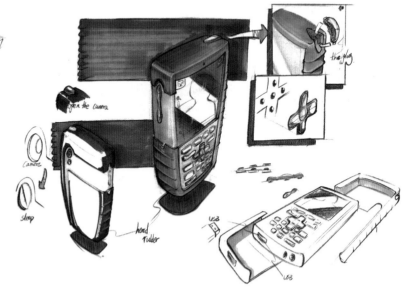

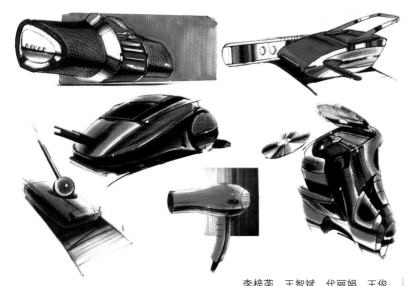

SPORT STYLE

李梓菡　王智斌　代丽娟　王俊　　杨典伟　韩陵鹏

杨文全　　孙先锋　王平

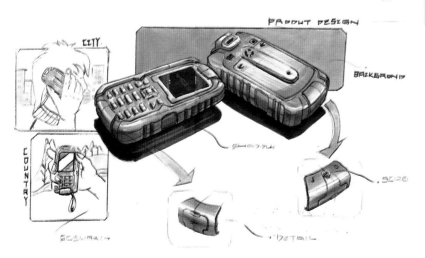

PRODUT DESIGN

BAIKGROND

SKETCH YWQ 8.2

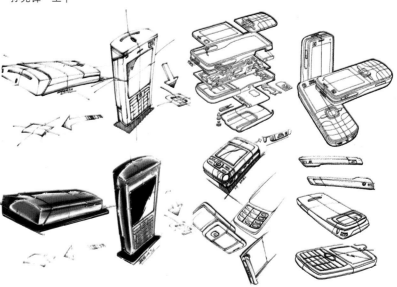

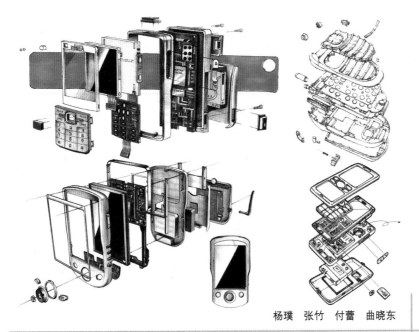

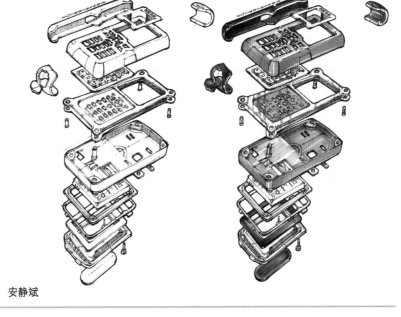

杨璞　张竹　付蕾　曲晓东　　安静斌

丁明亮　　张竹

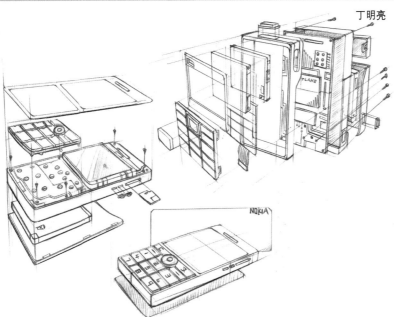

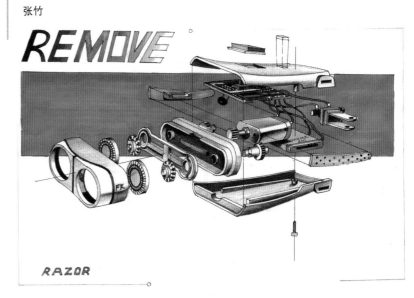

REMOVE

RAZOR

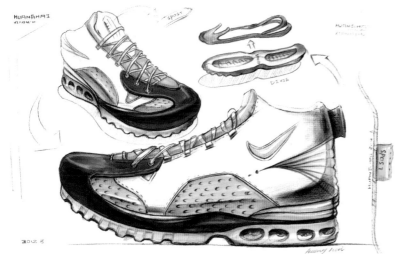

黄海　　　赵海燕

邹婵　宾博　张维昶　魏璐　　戴颖

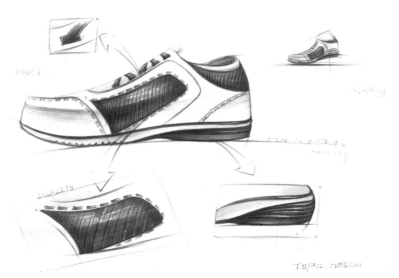

刘培刚　　刘志鹏

刘志鹏　　刘培刚　周海峰

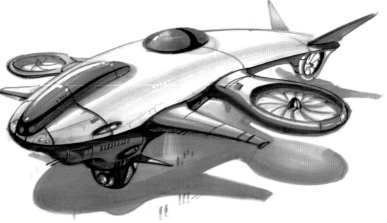

黄海 杨璞

杨璞 杨璞

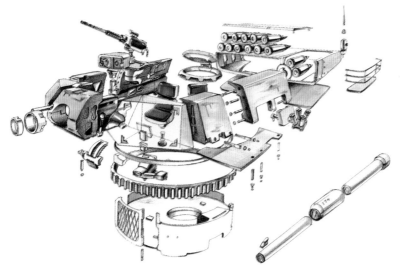

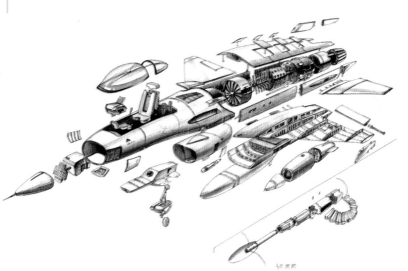

8-2 考研班学生作品欣赏

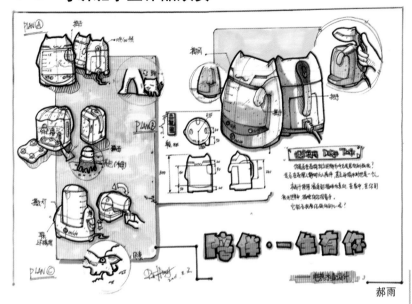

郝雨

茅晓嘉

杨小星

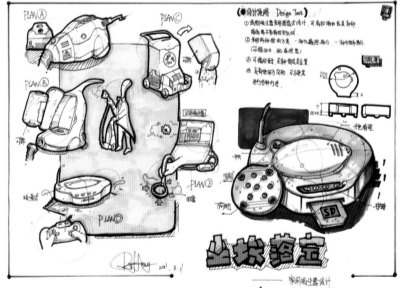

郝雨

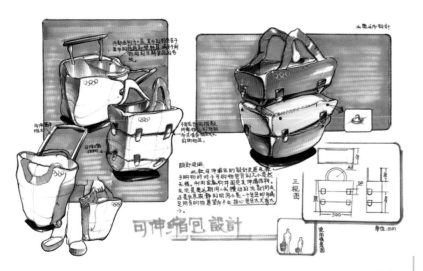

可伸缩包设计

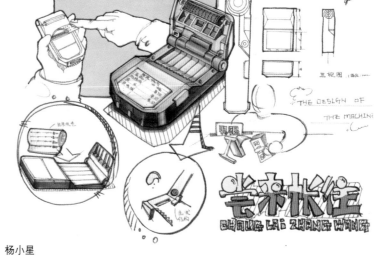

岁末旅行

BUHUO LAI ZHANG WANG

吴小芸　　杨小星

卢维佳　　宁岩

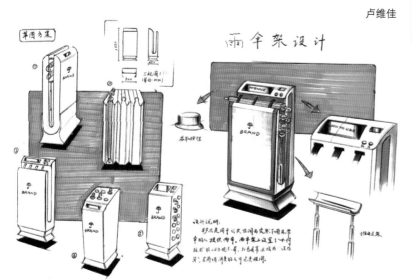

雨伞架设计

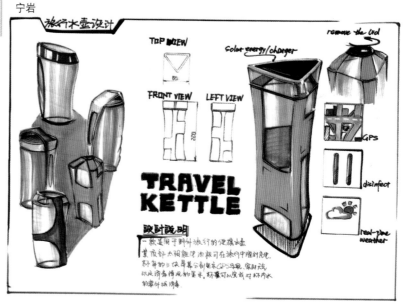

旅行水壶设计

TOP VIEW

Solar energy/charger

remove the lid

FRONT VIEW　LEFT VIEW

GPS

TRAVEL KETTLE

disinfect

real-time weather

设计说明

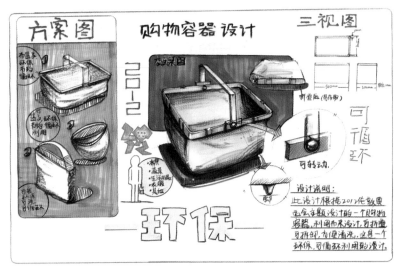

李远生

杨文全

杨小星

陈昊

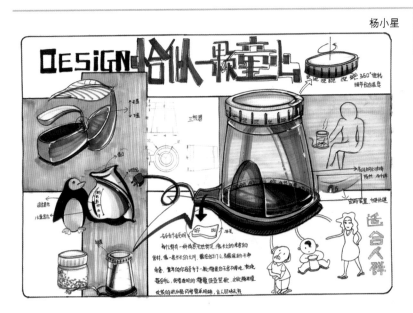

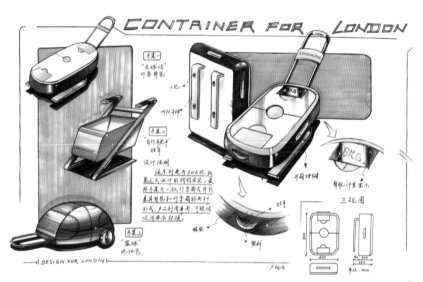

CONTAINER FOR LONDON

方案一
"足球坊"
行车背包

方案二
"自行车光"
排气

方案三
"篮球"
地拉包

设计说明

— DESIGN FOR LONDON —

8KG

三视图

卢维佳

电水壶设计

方案图

设计说明

三视图

动感·兴奋

李远生

杨小星

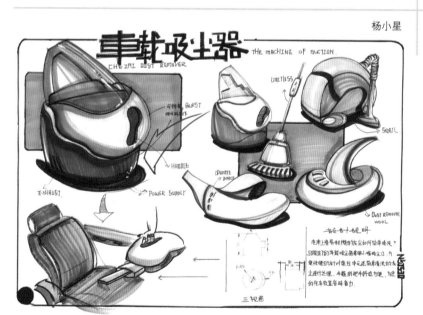

车载吸尘器
THE MACHINE OF SUCTION
CHEZAI DUST REMOVER

LIMITLESS

SQUIL

可伸缩 BURST

HANDLE

EXHAUST

POWER SUPPLY

OPERATE

DUST REMOVAL WOOL

设计说明

三视图

曾宪义

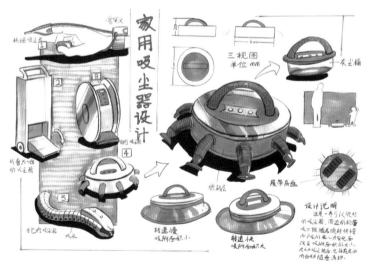

家用吸尘器设计

三视图
单位 mm

灰尘桶

履带底盘

转速慢
吸附面积小

转速快
吸附面积大

设计说明

　　本书从起笔到完稿经历了一个漫长的过程，章节与目录多次调整，内容与案例不断完善。为的是让读者在学习工业产品设计手绘时能更正确地理解其"道"，更科学地掌握其"术"。这一调整与完善的过程，也是一个备受"煎熬"的过程。"借笔建模"的思维方式是否是正确的"道"？"量化"与"技术化"是否是科学的"术"？黄山手绘工厂能否为工业产品设计手绘的发展交出一份满意的答卷？诸如此类的问题一直在脑海中萦绕。然而，在撰写过程中，笔者的思路越来越清晰，信念也越来越坚定。

　　《借笔建模——寻找产品设计手绘的截拳道》，不是注重笔的作用，而是帮助读者建立独立分析和思考的能力；而借鉴计算机辅助三维设计软件的建模、渲染原理，则是帮助大家掌握理性而科学的设计手绘技能学习方法。在"道"与"术"相融、相通后，我们便能尽情地在纸面上构筑出设计的"盗梦空间"。

　　回首窗外，已是万物复苏、春暖花开，也愿本书能为工业产品设计手绘的"大众化"与"普及化"播下新的希望。

2013 年 3 月 13 日 于黄山